POURQUOI LES ANIMAUX NE FONT PAS DE RÉGIME

Les Arènes,
17-19, rue Visconti, 75006 Paris
Tél. : 01 42 17 47 80
arenes@arenes.fr
www.arenes.fr

David Raubenheimer – Stephen J. Simpson

POURQUOI LES ANIMAUX NE FONT PAS DE RÉGIME

Appétit, satiété, nutrition : la nature a beaucoup à nous apprendre sur notre alimentation

Traduit de l'anglais (Australie)
par François Tharaud

À Jacqueline, Gabriel, Julian, Jan et Fred
DR

À Lesley, Alastair, Nick et Jen
SJS

Introduction

Stella habitait en Afrique du Sud, non loin de la ville du Cap. Elle vivait au sein d'une communauté de vingt-cinq adultes, avec un total impressionnant de quarante enfants. Ils s'étaient installés dans un cadre serein sur les contreforts de Table Mountain, entourés de vignobles, de pinèdes, de bosquets d'eucalyptus, de fynbos (un maquis sud-africain de type méditerranéen) et de quelques agglomérations périphériques.

Caley Johnson était une jeune étudiante en anthropologie de la ville de New York. Sa thèse portait sur les pratiques alimentaires d'une population rurale de l'Ouganda qui se nourrissait presque exclusivement d'aliments naturels. Ses conseillers pédagogiques lui avaient suggéré, à titre de comparaison, d'inclure dans son étude une population consommant non seulement des aliments naturels, mais aussi des aliments transformés sucrés et gras. Voilà comment Caley s'était retrouvée au Cap, où Stella et elle firent connaissance.

La démarche de recherche de Caley, comme souvent dans ce domaine d'étude, implique d'observer des individus toute la journée, puis de noter quels aliments ils mangent, et en quelle proportion. Ces aliments sont ensuite analysés en laboratoire afin de connaître leur contenu nutritionnel et d'obtenir ainsi un relevé quotidien détaillé du régime suivi par l'ensemble du groupe. Mais cette étude-ci avait une dimension radicale : plutôt que de suivre plusieurs sujets, chacun un jour différent, l'équipe avait décidé de se concentrer sur le régime d'un seul individu pendant trente jours consécutifs. Caley en vint donc à connaître intimement Stella et ses habitudes alimentaires.

Ce qu'elle découvrit l'intrigua. Le régime de Stella état d'une diversité surprenante : elle mangeait beaucoup d'aliments différents (presque quatre-vingt-dix éléments distincts sur trente jours) et, chaque jour, elle choisissait des combinaisons différentes de nourritures naturelles et transformées. Stella n'avait donc pas l'air particulièrement avisée dans ses choix alimentaires, puisqu'elle mangeait tout ce dont elle avait envie, sans distinction. Les chiffres du laboratoire de nutrition semblaient livrer la même conclusion. Comme on pouvait s'y attendre, ce régime avait un ratio entre lipides et glucides très variable, compte tenu de la diversité des aliments que Stella consommait et du fait qu'ils changeaient d'un jour à l'autre.

Puis Caley remarqua quelque chose d'inattendu. Lorsqu'elle additionnait les calories qui provenaient des glucides et des lipides consommés lors de chaque journée, qu'elle plaçait ce nombre dans un graphique en le mettant en rapport avec la quantité de protéines consommée chaque jour, elle constatait une relation étroite entre les deux. Cela signifiait que le taux de protéines par rapport aux lipides et aux glucides (un indice très important de l'équilibre nutritionnel) était resté parfaitement stable au cours du mois, quoi que Stella mange. De plus, les proportions que Stella avait ingérées tous les jours (une portion de protéines pour cinq portions de lipides et de glucides combinés) étaient précisément la combinaison équilibrée pour un individu de sexe féminin en bonne santé de la taille de Stella. Loin de manger n'importe quoi, Stella faisait des choix méticuleux : elle savait quel était le meilleur régime pour elle et comment s'y conformer.

Mais alors, comment faisait-elle pour ajuster son alimentation avec autant de précision ? Caley savait combien il était difficile de combiner de nombreux aliments pour maintenir un régime équilibré : même les professionnels de la diététique doivent utiliser des logiciels pour y parvenir. Caley aurait pu soupçonner Stella d'être en réalité une experte en nutrition. Sauf que Stella était un babouin.

C'est une anecdote déconcertante, quand on considère tous les conseils diététiques dont nous autres humains avons besoin pour manger correctement (non pas qu'ils soient suivis d'effets pour la plupart d'entre nous). Pendant ce temps, notre cousin sauvage, le babouin, aurait tout compris instinctivement. Comment est-ce possible ?

Avant de commencer à explorer cette question, voici une autre histoire, encore plus étrange. Elle commence avec une chercheuse en laboratoire nommée Audrey Dussutour, à l'université de Sydney. Un jour, Audrey prit son scalpel et se mit à préparer une expérience en coupant une moisissure visqueuse – un myxomycète – en petits morceaux gélatineux. À côté d'elle, des centaines de boîtes de Petri avaient été disposées sur la paillasse, en rangées bien ordonnées.

Audrey attrapa chaque fragment de ce blob jaune au forceps et le déposa délicatement au centre d'une boîte, puis en referma le couvercle. Les boîtes contenaient soit des petits blocs de protéines et de glucides, soit onze petits morceaux de support alimentaire gélatineux avec un rapport protéines/glucides variable, disposés en cercle. Une fois que chaque boîte eut accueilli son morceau de moisissure visqueuse, Audrey les empila dans une grande boîte en carton et les laissa reposer toute la nuit.

Le lendemain, elle ouvrit la boîte et disposa à nouveau

les boîtes de Petri sur la paillasse. Lorsqu'elle les observa de près, elle fut stupéfaite. Chaque morceau de myxomycète s'était transformé dans la nuit. Lorsqu'une moisissure s'était vu offrir deux blocs de nourriture (l'un de protéines, l'autre de glucides), elle avait étendu ses veines dans les deux nutriments, juste assez loin dans chaque direction pour absorber un mélange des deux. Ce mélange contenait précisément deux parts de protéines pour une part de glucides. Encore plus incroyable : lorsque des morceaux de myxomycète étaient placés dans des boîtes de Petri contenant onze blocs alimentaires différents, les veines avaient poussé dans la nuit, s'étendant du centre de la boîte pour ne coloniser que les blocs qui contenaient le même mélange de nutriments « deux pour un », en ignorant les autres.

Qu'y a-t-il de si particulier dans un régime composé de deux tiers de protéines et d'un tiers de glucides ? La réponse est apparue lorsque Audrey plaça deux morceaux de myxomycète dans des boîtes contenant différentes combinaisons de protéines et de glucides. Le lendemain, certains morceaux de myxomycète étaient restés atrophiés, tandis que d'autres avaient crû de manière spectaculaire en s'étendant d'un bout à l'autre de la boîte dans un entrelacs de filaments jaune vif. Quand Audrey rentra les données de la croissance de ces blobs dans un graphique, ce fut comme si elle avait tracé les contours ascendants et descendants d'une montagne. La moisissure placée sur un mélange de deux tiers de protéines et d'un tiers de glucides était au sommet de la montagne de croissance. Au fur et à mesure que le taux de protéines baissait et que celui de glucides montait, ou vice versa, la croissance du blob diminuait. Autrement dit, lorsque les morceaux de moisissure visqueuse avaient la possibilité de choisir leur alimentation, ils sélectionnaient précisément le mélange de nutriments dont ils avaient besoin pour optimiser leur développement.

La gélatine jaune d'Audrey, douée de cette sagesse

nutritionnelle remarquable, répond au nom scientifique de *Physarum polycephalum* (littéralement, « gelée à plusieurs têtes »). C'est l'équivalent réel du monstre gluant du fameux film d'horreur de série B *Le Blob*. On la voit rarement, mais comme les autres moisissures visqueuses (y compris celle qui répond au surnom ravissant de « moisissure visqueuse "vomi de chien" ») et comme les autres champignons, elle mène une vie secrète parmi les débris de feuillage, les arbres en décomposition et la terre des sols forestiers du monde entier. C'est une créature unicellulaire qui possède des millions de noyaux et qui est capable de se régénérer à partir du moindre petit morceau, de ramper comme une amibe géante et de faire pousser son propre réseau de tubes qui pulsent et alimentent l'ensemble de son réseau en nutriments. Elle crée tout simplement des tentacules, qu'elle étend pour se saisir de tout ce qu'elle veut ingérer. C'est fascinant, bien qu'un peu effrayant.

À présent, l'idée que Stella le babouin puisse faire preuve de sagesse nutritionnelle nous semble moins absurde. Mais comment une créature unicellulaire sans organes ni membres, et *a fortiori* sans cerveau ni système nerveux, peut-elle faire des choix alimentaires si sophistiqués et les mettre en œuvre ?

Comme nous étions nous aussi déconcertés, nous avons demandé à un expert.

Le professeur John Tyler Bonner fit passer à Steve un bécher rempli de café fumant, fraîchement bouilli sur la flamme bleue du bec Bunsen qui sifflait doucement sur le plan de travail en teck. Là, dans le bureau de John – une capsule temporelle qui n'a pas été rénovée depuis 1947, l'année où John a rejoint le département d'écologie et de biologie évolutive de l'université de Princeton –, Steve se mit à discuter des résultats d'Audrey avec ce vénérable gourou de la biologie des myxomycètes. John est un pionnier de l'étude des myxomycètes. Ses travaux ont contribué aux fondements d'un champ d'étude focalisé sur la prise de décisions complexes dans des entités collectives sans contrôle centralisé, telles que les nuées d'oiseaux, les bancs de poissons, les foules humaines et les entreprises multinationales.

John lui expliqua que chaque partie du blob percevait son environnement nutritionnel immédiat et réagissait en conséquence. Résultat : le blob, dans son ensemble, se comportait comme un être sensible unique à la recherche des meilleures sources de nourriture, d'un régime équilibré qui lui permettrait de rester en bonne santé et rejetait le reste.

Ce comportement, vous en conviendrez, est plus avisé que celui de certains êtres sensibles de notre connaissance. Et, comme vous l'avez probablement compris, c'est directement lié à notre sujet.

Pourquoi deux entomologistes se retrouvent-ils à écrire un livre sur la nutrition et la santé des êtres humains, un sujet sur lequel bon nombre d'experts se sont déjà exprimés ? Ce n'était pas du tout notre intention au départ. Tout au long de notre parcours de chercheurs, et en particulier lors des deux premières décennies de notre collaboration longue de trente-deux ans, nous avons étudié les insectes en essayant de résoudre l'une des plus grandes énigmes de la nature : comment les êtres vivants savent-ils ce qu'ils doivent manger ?

Répondre à cette question, c'est découvrir quelque chose de très important, voire d'utile, sur la vie elle-même. Et pas seulement pour les insectes. Mais n'allons pas trop vite en besogne. Mieux vaut commencer par le commencement.

1

Opération sauterelles

Nous sommes en 1991, et nous voilà assis tous les deux devant l'ordinateur de Steve, dans son bureau du Muséum d'histoire naturelle de l'université d'Oxford, là où eut lieu en 1860 le grand débat sur la théorie de l'évolution de Darwin opposant Thomas Henry Huxley et l'évêque d'Oxford, Samuel Wilberforce. De cet affrontement légendaire, on se rappelle surtout l'échange animé dans lequel Wilberforce aurait demandé à Huxley, surnommé « le bulldog de Darwin », lequel de ses grands-parents descendait du singe. Huxley lui aurait répondu que cela ne le dérangerait nullement de descendre d'un singe, mais qu'il aurait honte d'être apparenté à quelqu'un qui utilise ses talents pour occulter la vérité.

Nous venions d'achever la plus grande expérience diététique que nous ayons jamais tentée. Cette étude portait sur une population de sauterelles, qui, comme nous allons bientôt l'expliquer, étaient les animaux idéaux pour notre projet.

Nous étions loin de nous douter qu'avant la fin de notre séance, ce jour-là, les bases d'une nouvelle approche de la nutrition, fortement inspirée de la théorie de Darwin, seraient posées.

Notre objectif était de répondre à deux questions. Premièrement : les animaux choisissent-ils leurs aliments en fonction de ce qui est le mieux pour eux ? Et deuxièmement : que se passe-t-il si, pour une raison ou une autre, ils ne suivent pas ce régime, mais un autre ? On comprend sans peine pourquoi ces questions peuvent avoir de l'importance.

Vingt-cinq aliments avaient été soigneusement préparés au laboratoire pour faire varier leur ratio de protéines sur glucides – les deux principaux nutriments consommés par les insectes herbivores comme les sauterelles. Les aliments variaient de la catégorie « riches en protéines et pauvres en glucides » (un peu comme la viande) à la catégorie « riches en glucides et pauvres en protéines » (plutôt comme le riz), avec tous les intermédiaires possibles.

Enfin, malgré la diversité de leur composition, les aliments avaient tous le même aspect : ils étaient secs et granuleux, un peu comme une préparation pour gâteau avant qu'on y ajoute du liquide. Les insectes avaient l'air d'aimer ça.

Les mélanges étaient fournis aux sauterelles, dont chacune pouvait manger autant qu'elle voulait, mais seulement de l'aliment précis qui lui était fourni, jusqu'à ce qu'elle mue pour devenir adulte. Cela prenait au minimum neuf jours et au maximum trois semaines, selon le type de nourriture. C'était donc assez compliqué sur le plan logistique : il fallait se donner la peine de préparer vingt-cinq aliments différents, fournir chacun à deux cents insectes séparément, puis mesurer méticuleusement combien chaque individu avait consommé chaque jour.

Pour réaliser cette expérience, nous avons passé ensemble ce qui nous a semblé être des heures interminables, au fond des entrailles du département de zoologie, dans une pièce humide et exiguë, chauffée à 32 °C – température à laquelle les sauterelles du désert s'épanouissent, mais qui peut mettre une amitié humaine à rude épreuve. La musique rendit les choses plus supportables : John Cale et les Talking Heads nous aidèrent à ne pas perdre la raison. Chaque sauterelle vivait dans sa propre boîte en plastique, avec un perchoir métallique sur lequel se reposer, une petite gamelle contenant l'aliment qui lui avait été attribué, dosé au dixième de milligramme près, et un récipient d'eau.

Tous les jours, il nous fallait retirer la gamelle de chaque sauterelle et, tels des égoutiers méticuleux, ramasser toutes les petites crottes de sauterelle qui pouvaient se trouver dans la gamelle ou dans la boîte. Nous mesurions la quantité d'aliments consommée et digérée en pesant les gamelles de nourriture avant et après les repas et en analysant les excréments. Chaque gamelle devait passer par un déshydrateur afin de sécher toute humidité excessive, puis elle était pesée à nouveau sur une balance électronique capable de détecter une variation d'un cent millième de gramme. En mesurant la différence de poids de la gamelle avant et après le repas, nous pouvions calculer combien l'insecte avait mangé ce jour-là et en déduire la quantité exacte de protéines et de glucides qu'il avait consommée.

Nous avons répété l'opération pour deux cents sauterelles, jour après jour, jusqu'à ce qu'elles muent en adultes ailés ou qu'elles meurent avant d'y parvenir. Nous avons relevé le nombre de jours que cela prenait, pesé chaque insecte et analysé la quantité de tissu maigre ou adipeux qu'il avait développé.

Puis, enfin, nous nous sommes retrouvés, côte à côte, face à l'ordinateur de Steve, prêts à découvrir le résultat de l'expérience. Mais pour comprendre ces résultats, il nous faut d'abord examiner les sauterelles dans leur environnement naturel. Après tout, ces animaux n'ont pas évolué en laboratoire dans un sous-sol d'Oxford. Et, comme nous le démontrons dans l'ensemble de cet ouvrage, on ne comprend rien à la nutrition si on ne comprend pas le contexte biologique dans lequel une espèce a évolué – y compris la nôtre.

Deux jeunes sauterelles, quelque part en Afrique du Nord.

L'une a grandi seule. Il n'a pas plu depuis des mois dans la région, et les autres sauterelles se font rares. Elle arbore une belle nuance de vert qui lui permet de se fondre dans la végétation. Elle mène une vie solitaire, car son comportement est timide et elle évite ses congénères. Il y a une bonne raison à cela : là où une sauterelle solitaire peut se cacher, un groupe attirera l'attention d'oiseaux, de lézards affamés ou d'araignées à l'affût.

Ailleurs, une autre sauterelle a grandi au sein d'une nuée. Il a plu peu de temps auparavant, et elle est entourée par un grand nombre de ses semblables, qui se régalent d'une végétation abondante. Elle est plutôt du genre fêtarde : de couleur vive, très active et attirée par les groupes. Ces rassemblements deviennent des processions, et quand les insectes se changent en adultes ailés, ils forment des nuées qui s'envolent et migrent à travers de vastes étendues d'Afrique et d'Asie. Une nuée de sauterelles du désert en Afrique du Nord peut comprendre des centaines de milliards d'individus et manger en un jour ce que consomme la population entière de New York en une semaine. Quand elle traverse des zones agricoles, elle fait des ravages (la nuée de sauterelles, pas la population de New York).

Ces deux sauterelles n'appartiennent pas à des espèces différentes, contrairement à ce qu'on a cru d'abord ; elles pourraient même être sœurs. Chaque individu de leur espèce a le potentiel de devenir soit une timide sauterelle verte, soit une grégaire extravertie, selon qu'elle grandit seule ou au sein d'une nuée. Le changement d'une forme à l'autre se produit rapidement. Si vous preniez la sauterelle verte solitaire et que vous la placiez dans un groupe, en une heure, elle serait attirée et non plus rebutée par les autres, et au bout de quelques heures, elle pourrait faire partie d'une procession. Peu après, elle échangera son vert discret contre des couleurs vives.

Cette transition est connue sous le nom de « changement de phase comportementale densité-dépendant », et le groupe de recherche de Steve a passé des années à essayer de le comprendre.

L'une de nos interrogations de départ était la suivante : qu'est-ce qui provoque la transformation dans le fait de vivre en groupe ? Quels stimuli émis par les autres sauterelles pourraient déclencher la transition ? Est-ce le fait de les voir, de les sentir, de les entendre ?

Il semblerait que c'est le sens du toucher qui est crucial. Lorsqu'il y a une quantité limitée de nourriture disponible, les sauterelles solitaires sont obligées de se rapprocher les unes des autres – plus qu'elles ne le voudraient – pour trouver leur nourriture. Les insectes regroupés se bousculent, et c'est ce contact physique qui provoque le passage de la répulsion à l'attraction.

Puis, une fois qu'un nombre suffisant de sauterelles grégaires est réuni, soudain, comme d'un commun accord, le groupe tout entier s'aligne et se met à avancer.

Nous avons découvert qu'au sein de la nuée la décision collective de se mettre en marche émerge à partir de simples interactions locales entre les sauterelles. Autrement dit, il n'y a pas de sauterelle meneuse, ni de contrôle hiérarchique. La procession démarre parce que les sauterelles suivent toutes une règle simple : « Cale-toi sur tes voisins en mouvement. »

Une fois que la densité critique de sauterelles est atteinte, l'ajout d'un ou deux individus provoque soudain la transition vers un mouvement collectif en alignement. La redoutable procession a commencé.

Bien entendu, nous ne comprenions toujours pas *pourquoi* les sauterelles seraient obligées de suivre cette règle basique, consistant à s'aligner sur leurs voisins en mouvement. Nous nous doutions que la nutrition devait jouer un rôle – comme dans la plupart des cas. La réponse est venue de notre étude d'un animal apparenté, qu'on appelle « sauterelle mormone », et il s'est avéré que sa motivation était assez sinistre.

La sauterelle mormone est un gros insecte qui ne vole pas ; il est bâti comme un mini-tank, vit dans le sud-est des États-Unis, et forme de vastes processions qui s'étendent sur des kilomètres. Ces sauterelles doivent leur nom au fait qu'elles se sont mises à ravager les premières plantations des pionniers mormons après leur arrivée dans le comté de Salt Lake en 1848. La communauté, incapable d'empêcher la destruction de ses cultures, s'apprêtait à mourir de faim quand une volée de mouettes arriva à la rescousse juste à temps et dévora les sauterelles. Il y a aujourd'hui un monument aux mouettes qui commémore cet événement près du Temple de Salt Lake City. La mouette est l'oiseau officiel de l'Utah (fait étrange, étant donné que cet État se trouve complètement à l'intérieur des terres, mais la région comporte le plus grand lac salé d'Amérique du Nord, et les mouettes finissent toujours par atteindre n'importe quel point d'eau de grande taille).

Steve s'était rendu en Utah : il étudiait les nuées de sauterelles mormones avec ses collègues Greg Sword, Pat Lorch et Iain Couzin, lorsqu'ils découvrirent ce qui les poussait à s'aligner et à se mettre en marche. Voici le récit de Steve :

Nous logions dans un motel pour routiers ; nous mangions des cochonneries en buvant de la bière Polygamy Porter (son slogan: «Pourquoi n'en prendre qu'une?»). Les sauterelles étaient bien présentes, en quantités innombrables. Greg et Pat avaient suivi par radiopistage des regroupements immenses qui parcouraient jusqu'à 2 km par jour à travers d'impressionnantes étendues d'armoise.

Pourquoi toutes ces sauterelles migraient-elles? Voici un indice. Nous avons enregistré le déplacement d'une nuée traversant une grande route pendant cinq jours consécutifs. Lorsque des sauterelles se faisaient écraser par une voiture, celles qui les suivaient s'arrêtaient pour manger les cadavres – et se faisaient écraser à leur tour. En peu de temps, le charnier fut assez profond pour qu'on en ait jusqu'aux chevilles, et il fallut envoyer des chasse-neige pour enlever la bouillie gluante qui recouvrait la route.

Mais qu'est-ce qui pouvait pousser des insectes herbivores à s'entre-dévorer avec autant d'avidité, jusqu'à commettre un suicide collectif? Après tout, vu l'abondance de la végétation alentour, ils avaient d'autres choses à manger.

Comme nous avions emporté l'aliment en poudre utilisé dans notre grande étude sur les sauterelles à Oxford, nous en avons disposé des récipients devant la procession de sauterelles. Le résultat fut révélateur. Les sauterelles ne s'intéressaient pas aux gamelles d'aliment riche en glucides, mais elles s'arrêtaient pour consommer l'aliment protéiné.

Et hormis notre petit buffet, quelle était la source de protéines de qualité la plus accessible pour ces sauterelles? La sauterelle de devant. La procession était mue par un motif élémentaire: si vous n'avancez pas quand vos voisins de derrière avancent, ils vous mangeront. À l'inverse, si l'individu qui se trouve devant vous s'arrête, vous pouvez en faire votre repas. Le cannibalisme des sauterelles était motivé par un appétit puissant: le besoin de protéines.

De retour à Oxford, nous avons découvert que les habitudes de nos sauterelles de laboratoire peuvent être tout aussi répugnantes quand il s'agit de leur envie de protéines. Nous avons appris cela par inadvertance, alors que Steve essayait d'analyser les signaux qui indiquent le moment où les sauterelles arrivent à satiété. Au cours d'une expérience, il avait laborieusement coupé les nerfs qui transmettent les sensations du bout de l'abdomen des insectes à leur cerveau. Après l'opération, il avait mis toutes les sauterelles en convalescence dans la même boîte. Le lendemain matin, quand Steve regarda dans la boîte, il s'aperçut que le corps de toutes les sauterelles avait disparu en dessous du point où le nerf avait été coupé. Les insectes avaient formé une espèce de chaîne en grignotant l'arrière de la sauterelle devant eux (qui ne sentait rien) tout en se faisant dévorer l'abdomen par la sauterelle de derrière.

Aurait-on pu rêver meilleur animal pour tester de grandes idées en science de la nutrition ? S'il y avait une espèce dont on pouvait s'attendre à ce qu'elle fasse preuve de voracité, à ce qu'elle mange autant que possible de tout ce qu'on lui proposait, c'était bien la sauterelle. Mais nous savions également que les sauterelles n'ont pas un fonctionnement complètement basique : elles savent réguler leur apport en nutriments, notamment en protéines, même si cela les oblige à consommer leurs voisins. Qu'allaient montrer les résultats de notre grande expérience ?

Avant de le découvrir, voici une petite introduction à la nutrition.

LE CHAPITRE 1 EN BREF

1. Notre périple commence par la description d'une expérience sur les sauterelles, qui a amorcé une nouvelle approche dans la recherche en nutrition.
2. Nous avons découvert que l'appétit pour les protéines explique la réputation des sauterelles comme fléau de l'agriculture.

→ Cet appétit pour les protéines jouera-t-il un rôle aussi important chez d'autres espèces ? Voire chez les humains ?

2

Calories et nutriments

La nutrition étant un sujet d'une complexité infernale, posons une question simple : pourquoi devons-nous manger ?

De toute évidence, de nos jours la nourriture cristallise beaucoup de confusion et d'anxiété, ce qui est terriblement regrettable, car elle produit également tant de bonnes, et même d'excellentes choses. La nourriture nous relie les uns aux autres sur le plan social et culturel. Elle nous procure un immense plaisir tout en nous fournissant le carburant même de la vie.

Parmi tous les apports essentiels de la nourriture, la notion d'énergie nous est particulièrement familière. Il ne se passe pas une journée sans que nous voyions défiler les chiffres inscrits sur les emballages, les repas, et désormais les menus de restaurants – des sortes de graffitis mathématiques révélant combien d'énergie ils contiennent, accompagnés d'austères recommandations diététiques sur la quantité à consommer. Ces étiquettes n'utilisent pas le mot « énergie », bien sûr. Vous connaissez sûrement mieux le terme « Calorie ».

Mais qu'est-ce au juste qu'une Calorie ?

C'est simplement une unité d'énergie : une Calorie est la quantité d'énergie nécessaire pour élever la température d'un kilogramme d'eau (c'est-à-dire un litre) d'un degré Celsius, de 14,5 à 15,5 °C. Certes, c'est une unité de mesure assez étrange, sauf si vous vous êtes déjà demandé combien de nourriture il fallait pour réchauffer votre bain. Mais c'est d'une précision rigoureuse, comme l'aiment les scientifiques. Ainsi, même si l'on peine à les imaginer, nous nous retrouvons tous à penser en termes de calories.

Pour rendre les choses encore plus compliquées, vous risquez aussi de voir les calories comptées en kilocalories (kcal). C'est parce qu'une Calorie (avec un « C » majuscule) égale 1 000 calories (avec un « c » minuscule). Vous avez peut-être aussi vu le contenu énergétique d'un aliment présenté en kilojoules (kJ) – l'unité que nous, les scientifiques, utilisons principalement, en plus des kilocalories. Cette unité a une définition encore plus improbable : un kilojoule, c'est l'énergie nécessaire pour déplacer un poids d'un kilo à l'aide d'une force d'un newton (unité de mesure de l'attraction gravitationnelle) sur une distance d'un mètre. Un kilojoule est égal à 0,239006 Calorie (pour être précis).

Dans cet ouvrage, nous utiliserons principalement « kcal » quand nous présenterons des unités d'énergie, mais à l'occasion, lorsque nous ferons référence à des résultats scientifiques, nous emploierons « kJ ». Partout, nous utiliserons « calories » avec un « c » minuscule comme terme générique pour désigner l'« énergie ».

Cela signifie que nous déterminons l'énergie que contient la nourriture d'après sa capacité théorique à alimenter une action – faire chauffer de l'eau ou déplacer des poids.

Toute nourriture contient des calories (à l'exception de l'eau), ce qui n'est pas plus mal, car sans énergie, notre corps ne pourrait rien faire ; il ne pourrait notamment pas utiliser cet autre élément fondamental que nous puisons dans la nourriture : les nutriments. L'énergie provient des principaux nutriments que contient notre alimentation (on les appelle « macronutriments »), et chacun d'entre eux est chimiquement distinct. Lorsque nous consommons ces carburants nutritionnels que sont les protéines, les glucides et les lipides, ils sont décomposés en molécules de plus petite taille qui sont brûlées dans nos cellules.

En réalité, les macronutriments nous fournissent plus que de l'énergie. Prenons les protéines et leurs composants, les acides aminés : elles fournissent aussi de l'azote, avec lequel nous fabriquons toutes sortes d'autres choses importantes, dont les hormones, les enzymes, et les molécules d'ADN et d'ARN, qui contiennent de l'information. Si nous ne consommons pas de protéines, nous ne pouvons pas vivre.

Dans l'inconscient collectif (et dans beaucoup d'ouvrages de diététique), les lipides et les glucides sont presque devenus synonymes de calories, mais ils sont bien plus que cela. Les lipides nous protègent du froid, stockent des vitamines, lubrifient la peau et forment des coussins amortisseurs pour nos globes oculaires et nos articulations. Leurs acides gras composent la membrane qui entoure chaque cellule de notre corps, et des lipides spéciaux qu'on appelle « stérols » servent de messagers qui aident à coordonner la chimie complexe qui nous maintient en vie.

Nous ne pouvons pas nous passer des lipides.

Les glucides comprennent les sucres, les amidons et les fibres. Comme les protéines et les lipides, la plupart des glucides sont composés d'unités plus petites – en l'occurrence, de sucres simples comme le glucose et le fructose. Les propriétés nutritionnelles des différents glucides dépendent de la nature des sucres simples qui les constituent et de la manière dont ils sont assemblés. Le glucide le plus abondant sur notre planète – la fibre végétale qu'on appelle « cellulose » – possède des unités de glucose si étroitement liées que nous ne pouvons pas les digérer. Le glucose est particulièrement important, car il est le principal glucide dont dépend notre organisme. En plus de fournir de l'énergie, le glucose s'allie à l'azote des protéines pour former l'ADN et l'ARN.

Notre organisme peut créer du glucose en décomposant des protéines et des lipides, donc nous n'avons pas un besoin absolu d'ingérer des glucides pour obtenir du glucose. Mais cela ne signifie pas que nous pouvons nous passer complètement des glucides, comme nous le montrerons plus loin.

Schéma du rapport entre la nourriture, les nutriments et l'énergie

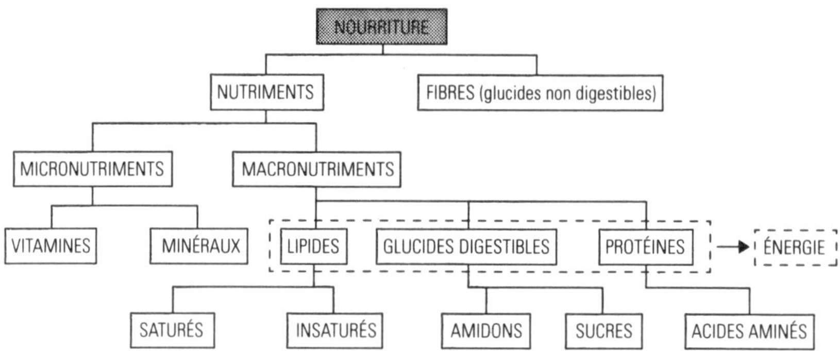

Et ce ne sont là que les macronutriments. Les vitamines et les minéraux sont également indispensables, mais en quantités minuscules, comparés aux trois éléments principaux – c'est pourquoi on les appelle *micronutriments*. Ils sont utilisés par l'organisme dans des processus trop nombreux pour qu'on les nomme ici. Mais gardez à l'esprit le fait que le sodium, le calcium, le magnésium, le chlore et le potassium génèrent tous des courants électriques qui nous permettent de fonctionner : notre cœur bat et nos cellules crépitent grâce à ces impulsions électriques.

Le diagramme de la page 28 schématise ce que contient la nourriture. Si vous voulez en savoir davantage au sujet des différents éléments du diagramme, vous pouvez consulter la partie « En savoir plus sur les nutriments », p. 267, qui pourra aussi éclairer d'autres parties de cet ouvrage.

Comme on peut le voir dans le diagramme, les aliments sont des combinaisons complexes de nombreux nutriments – sans parler des régimes, qui sont eux-mêmes des combinaisons complexes d'aliments. Pour comprendre la nutrition, il nous faut réfléchir non pas en termes de nutriments isolés, mais plutôt d'*équilibre* entre les nutriments qui forment ces combinaisons.

Pour qu'un animal soit en bonne santé, il doit ingérer les bonnes quantités de macro- et de micronutriments – comme Boucles d'or : ni trop ni trop peu. Certains animaux, comme les parasites qui vivent dans le corps de leur hôte, reçoivent tous les nutriments qu'il leur faut d'une seule source, dans les bonnes proportions. Pour eux, il n'est pas difficile de suivre le bon régime. Tous les mammifères, humains compris, ont la chance de commencer leur vie dans ces circonstances idéales, car le lait maternel est ce qui se rapproche le plus d'un régime parfaitement équilibré. Il contient, en proportions parfaites, tout ce dont un nouveau-né a besoin pour grandir. Mais une fois qu'un mammifère est sevré, s'alimenter devient pour lui une entreprise nettement plus compliquée.

On comprend aisément pourquoi. Nos aliments se composent d'une infinité de combinaisons différentes de nutriments. Certains aliments sont riches en protéines, d'autres en lipides ou en glucides, mais ce sont tous des combinaisons. Il n'existe aucun aliment qui ne contienne qu'un seul type de nutriment. Les pâtes et le pain méritent bien leur réputation d'aliments riches en glucides, mais environ 10 % de l'énergie qu'ils contiennent vient des protéines. Un steak est bourré de protéines, mais il est composé de plus de 50 % d'eau et il renferme d'importantes quantités de graisse et de sels minéraux.

Nous autres humains compliquons encore les choses car, contrairement à d'autres animaux, nous mangeons rarement un aliment seul ; nous les assemblons dans des recettes et des repas. Puis nous combinons ces repas dans des régimes et des habitudes alimentaires divers et variés, si bien que nous ingérons des mélanges complexes de nutriments et autres substances, qui entrent ensuite en interaction avec notre physiologie.

Imaginez à présent si vous deviez consciemment élaborer une combinaison équilibrée de tous ces éléments trois fois par jour. Nous aurions tous besoin d'un doctorat en mathématiques et en informatique, et même si c'était le cas, nous passerions tellement de temps à calculer que nous n'aurions plus le temps de faire grand-chose d'autre.

Heureusement – Stella le babouin et la moisissure visqueuse nous l'ont montré –, la nature est capable de relever des défis complexes comme celui-ci sans mathématiques ni ordinateur. La solution est simple et élégante, et elle se trouve à l'intérieur de tout être vivant, comme nous le verrons bientôt. Mais avant cela, retournons à Oxford.

LE CHAPITRE 2 EN BREF

1. Les éléments clés de la nutrition sont les calories, les macronutriments (protéines, glucides, lipides), les micronutriments et les fibres.
2. Pour aller plus loin, vous pouvez consulter la partie « En savoir plus sur les nutriments », p. 267.
3. La nutrition n'est pas une affaire d'ingrédients isolés (lipides, sucres, protéines ou autres) : il s'agit de *combinaisons* de nutriments et de leur *équilibre*.

→ Suivre un régime équilibré peut paraître compliqué, et pourtant, dans la nature, les animaux le font instinctivement. Comment font-ils ? Et pourquoi est-ce si difficile pour nous ?

3

Représenter la nutrition

Tout en gardant à l'esprit les calories et les nutriments, retournons devant l'ordinateur de Steve, à Oxford, où nous étions sur le point de découvrir les résultats de notre grande expérience sur les sauterelles. Comme à notre habitude, la première étape consistait à créer une représentation visuelle simple des données, un graphique.

Le graphique lui-même ressemblait à un grand L. Sur l'axe vertical, l'ordinateur affichait la quantité de glucides qu'un insecte avait consommée, en milligrammes (mg). Sur l'axe horizontal, on pouvait voir combien de milligrammes de protéines la sauterelle avait consommés. Avant de vous montrer les vrais résultats, voici, page suivante, pour mieux expliquer comment lire le graphique, l'exemple hypothétique d'une sauterelle ayant ingéré 300 mg de glucides et 200 mg de protéines :

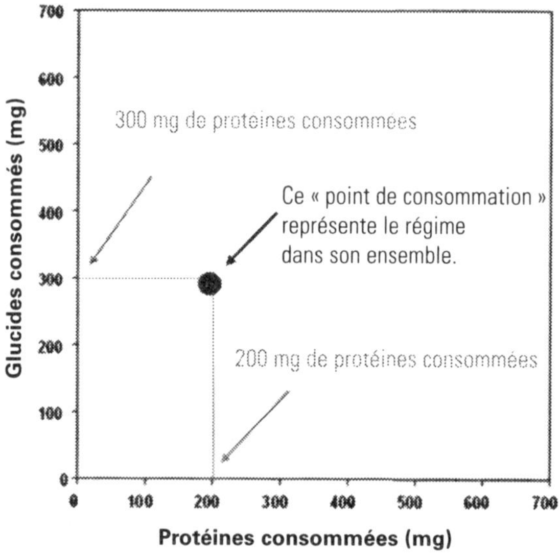

Ce graphique montre comment la consommation d'une sauterelle ayant mangé 300 mg de glucides et 200 mg de protéines serait représentée.

Lorsque nous avons représenté les vrais résultats pour l'ensemble des sauterelles et des régimes (voir schéma page suivante), nous avons constaté quelque chose de fascinant: les points de consommation étaient alignés de manière régulière et s'élevaient depuis l'axe horizontal comme un panache. Le motif était d'une simplicité si étonnante qu'au début nous nous sommes demandé s'il n'y avait pas un problème dans nos calculs. Nous avons vérifié et revérifié. Il n'y avait pas d'erreur.

Nous avons compris que les résultats que nous avions sous les yeux étaient indiscutables, et importants – bien qu'à ce moment-là nous n'ayons pas encore bien mesuré leur portée. Nous observions, pour la première fois, comment différents appétits pour différents nutriments interagissaient afin de répondre à des situations de déséquilibres nutritionnels. Or, nous le savions déjà, la gestion des déséquilibres nutritionnels est quelque chose de fondamental dans la vie des animaux dans leur environnement naturel ; c'est essentiel pour leur survie. En allant plus loin, nous venions d'inventer une nouvelle approche, qui pouvait être appliquée à n'importe quelle espèce, afin de dévoiler les mystères de l'alimentation. Nous l'avons baptisée « géométrie nutritionnelle ».

Graphique des résultats de l'expérience des sauterelles

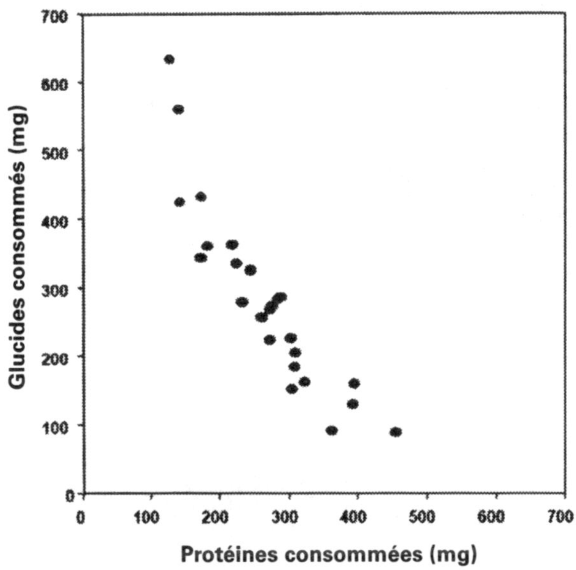

Chaque point de consommation montre l'apport en protéines et en glucides (comme illustré dans le graphique précédent) de sauterelles soumises à un régime particulier. Remarquez la manière dont les points s'élèvent en panache. Chaque point représente la consommation moyenne d'un groupe de sauterelles.

Une fois les résultats retranscrits sous forme de graphique, l'étape suivante consistait à déterminer lequel des régimes était le plus proche de l'équilibre nutritionnel pour une sauterelle.

Pour ce faire, nous avons identifié la combinaison de protéines et de glucides correspondant au meilleur taux de croissance et de survie – autrement dit, le meilleur équilibre nutritionnel possible. Nous avons appelé cela le *régime cible* et nous l'avons représenté comme un cœur de cible dans le graphique suivant.

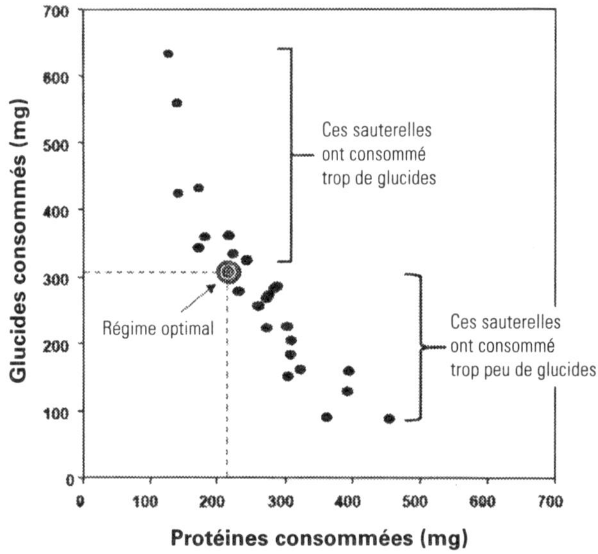

Le cœur de cible représente le régime le plus favorable à la survie et à la croissance. Les autres points peuvent être interprétés par rapport à ce régime cible.

Comme vous pouvez l'imaginer, la cible est importante, non seulement pour les sauterelles, mais pour le concept même de géométrie nutritionnelle. Elle nous permet de voir en un coup d'œil quels régimes sont équilibrés (les points noirs proches du cœur de cible) et lesquels sont déséquilibrés (tous les autres). Plus on s'éloigne de la cible, plus le régime est déséquilibré. Cela permet aussi de voir exactement *en quoi* un régime est déséquilibré. Les points au-dessus de la cible représentent des sauterelles qui ont consommé trop de glucides ; celles en dessous en ont consommé trop peu. Seules celles qui sont dans le cœur de cible en ont consommé exactement la bonne quantité.

Une fois que ces concepts élémentaires sont établis, on peut noter un autre élément important dans nos résultats. Les sauterelles qui ont mangé trop de glucides sont toutes situées au-dessus de la cible protéique, dans un alignement vertical presque parfait ; elles ont donc consommé des quantités similaires de protéines (environ 150 mg, ce qui est proche de la cible de 210 mg). Mais pour atteindre ce but, elles ont dû consommer trop de glucides – beaucoup trop. Et cette surconsommation de glucides a un double coût. Tout d'abord, cela leur a pris du temps. Cela signifie que les sauterelles suivant le régime pauvre en protéines et riche en glucides ont dû prolonger la période précédant leur mue et leur passage à l'âge adulte. Plus une sauterelle tarde à passer à l'âge adulte, plus elle risque d'être mangée par un oiseau, un lézard, une araignée, ou une autre sauterelle, avant d'avoir une chance de se reproduire. Le deuxième problème de cette surconsommation pourrait paraître surprenant chez un insecte : les sauterelles qui ont reçu un régime riche en glucides sont devenues obèses. Certes, il est difficile de voir quand une sauterelle est grasse, car son squelette est externe. Mais elle est bouffie à l'intérieur, comme un chevalier obèse engoncé dans une armure trop petite de plusieurs tailles.

Les sauterelles au régime riche en glucides ont donc trop mangé afin d'atteindre leur cible protéique. Mais qu'en est-il des régimes pauvres en glucides ? Dans ce cas, nous devons porter notre attention sur les sauterelles en dessous du cœur de cible dans le graphique. Vous pouvez constater que le groupe de points fait un écart vers la droite, ce qui signifie que l'apport en protéines des sauterelles était un peu plus élevé que leur cible, mais qu'il était très insuffisant au niveau des glucides. Par conséquent, elles étaient trop maigres et avaient moins de chances de survivre jusqu'à l'âge adulte que les sauterelles ayant suivi le régime cible. Leurs réserves internes de lipides étaient si basses qu'elles auraient été incapables de voler sur de longues distances ou de survivre longtemps dans la nature.

En conclusion : soumis au régime riche en glucides, les insectes étaient obligés de continuer à manger (pour obtenir la quantité de protéines que leur organisme exigeait), et ils finissaient par consommer plus de glucides qu'il ne leur en fallait, ce qui les rendait gras et retardait leur développement. Soumis au régime pauvre en glucides, ils ingéraient moins de glucides (car ils arrivaient à satiété de protéines plus tôt), mais l'inconvénient était qu'ils manquaient d'énergie.

Notre expérience sur les sauterelles avait démontré pour la première fois dans le règne animal le conflit entre deux nutriments, les protéines et les glucides, tous deux en concurrence pour le contrôle de la consommation de nourriture dans des régimes déséquilibrés. Finalement, ce sont les protéines qui ont gagné. En réalité, ce que nous avons observé n'était pas tant la concurrence entre deux nutriments qu'entre deux *appétits* : l'un pour les protéines, l'autre pour les glucides.

LE CHAPITRE 3 EN BREF

1. L'expérience d'Oxford sur les sauterelles nous a menés à une nouvelle méthode pour définir ce qui fait qu'un régime est équilibré ou déséquilibré.
2. Les sauterelles avaient une cible nutritionnelle instinctive : une combinaison optimale de protéines et de glucides pour leur croissance et leur survie.
3. Nous avons démontré pour la première fois la concurrence entre deux appétits : celui pour les protéines et celui pour les glucides.

→ Ces deux appétits peuvent-ils collaborer pour aider l'animal à atteindre son objectif nutritionnel : un régime équilibré ?

4

La stratégie des appétits

Au cours de l'expérience, chacune de nos sauterelles ne recevait qu'un seul type de nourriture. Elle pouvait en manger autant qu'elle voulait, mais elle ne pouvait pas changer la combinaison de protéines et de glucides – c'était nous qui l'avions choisie. Nous avions procédé ainsi afin de mettre en concurrence l'appétit pour les protéines et l'appétit pour les glucides, et d'observer lequel l'emporterait ; et comme nous l'avons vu, les protéines ont gagné.

Mais que serait-il arrivé si les sauterelles avaient été libres de choisir parmi un ensemble d'aliments variés ? Leurs appétits auraient-ils collaboré pour aider les insectes à se procurer les bonnes proportions de protéines et de glucides ?

Nous avons demandé à un doctorant de notre labo à Oxford, Paul Chambers, de créer un défi nutritionnel à lancer aux sauterelles. Il a donc offert aux insectes le choix entre deux aliments avec des taux de protéines et de glucides différents.

Dans chaque cas, les insectes ont fait exactement la même chose : ils ont mangé la même combinaison de protéines et de glucides, quels que soient les aliments proposés. Pour y arriver, ils ont dû choisir des quantités très différentes des deux aliments, selon la combinaison qui leur était présentée. C'est comme si, peu importe que l'on nous propose de la viande et des pâtes, des œufs et du pain, des haricots blancs et du riz, ou du poisson et des pommes de terre, nous consommions exactement la même proportion de protéines et de glucides. Pour nous autres humains, cela semble être un défi impossible à relever. Et pourtant, les sauterelles ont résolu le problème sans difficulté.

Fait encore plus impressionnant : la combinaison de protéines et de glucides qu'elles ont choisie correspondait exactement au cœur de cible du graphique de notre première expérience à grande échelle. Elles avaient opté pour la combinaison la plus saine de protéines et de glucides, celle qui était la plus favorable à leur survie et à leur croissance.

Nos expériences montraient même *comment* elles sentaient si un aliment contenait le nutriment qu'il leur manquait. Les sauterelles, comme d'autres insectes, possèdent de petits poils gustatifs répartis autour de leur bouche, mais aussi sur leurs pattes et un peu partout sur le corps. Lorsque ces poils touchent quelque chose de comestible, la sauterelle analyse son contenu chimique avant de décider de le manger ou pas. Si, par exemple, l'insecte a récemment consommé une quantité suffisante de protéines, les capteurs vont ignorer ce nutriment. Elle ne se rendra même pas compte qu'il est présent. Si, en revanche, la sauterelle est en manque de protéines, les capteurs, lorsqu'ils entreront en contact avec des protéines, enverront au cerveau des messages électriques signifiant « Mange ça ! » – et c'est exactement ce qu'ont fait nos sauterelles qui ont ignoré les glucides.

Nous avons ensuite franchi une étape supplémentaire en montrant que les sauterelles pouvaient apprendre à associer des couleurs et des odeurs avec la teneur en protéines et en glucides des aliments. Nous les avons dressées à aller là où elles savaient, à force, qu'elles trouveraient ce dont elles avaient le plus envie. Plutôt malin pour un animal avec un cerveau de la taille d'une tête d'épingle !

Cela prouve que lorsque les sauterelles ont un choix suffisamment varié d'aliments, leurs appétits collaborent et les insectes combinent leurs aliments exactement dans les bonnes proportions pour suivre un régime parfaitement équilibré. Mais lorsqu'elles sont soumises à un régime déséquilibré, comme dans notre expérience à grande échelle, l'appétit pour les protéines et celui pour les glucides entrent en concurrence. Et chez les sauterelles, c'est toujours l'appétit pour les protéines qui finit par l'emporter.

Tous ces détails concernant l'alimentation des sauterelles étaient fascinants en eux-mêmes – du moins pour nous deux. Mais ils soulevaient aussi une question plus importante qui concernait tout le monde : la possibilité que nos observations sur les sauterelles s'appliquent aux appétits de toutes les espèces animales, y compris l'espèce humaine. Voilà une excellente excuse pour se pencher sur l'appétit, en quoi il consiste précisément, et sur la manière dont il nous rend ses merveilleux services (et nous joue parfois des tours). Cette piste de recherche nous aidera aussi à répondre à une question que l'on nous pose souvent : « Comment les êtres vivants savent-ils instinctivement ce qu'ils doivent manger ? »

La première chose à garder à l'esprit lorsque l'on essaie de comprendre l'appétit, c'est que la nature a donné à toutes les choses que nous mangeons des goûts bien distincts, des arômes. Pour nous, un morceau de viande grillée n'a pas le même goût qu'une poignée de baies, qui n'a pas le même goût qu'un bouquet de feuilles vertes bien juteuses. Cette diversité n'est pas un hasard, ni une manière de nous éviter de nous ennuyer en mangeant (bien qu'elle produise aussi cet effet). La signature aromatique d'un aliment indique surtout son contenu chimique, c'est-à-dire les nutriments qu'il contient.

Étant donné que les protéines, les lipides et les glucides ont chacun leur rôle et leur importance propres, aussi bien pour fournir de l'énergie que pour accomplir d'autres fonctions cruciales, il n'est pas étonnant que la nature nous ait équipés de la capacité de les distinguer et donc de détecter leur présence dans la nourriture.

Cette aptitude nous semble basique, mais sans elle, aucun d'entre nous ne serait en vie. Elle nous permet de savoir quels nutriments se trouvent dans quel aliment, quelle nourriture nous devrions manger et laquelle nous ferions mieux d'éviter. Ce besoin de trouver les aliments qui nous conviennent explique pourquoi le goût du sucre nous paraît si agréable, pourquoi les aliments riches en protéines ont cette saveur succulente que les Japonais appellent *umami*, et pourquoi les lipides correspondent à ce goût et à cette sensation à la fois riches et épais. Sinon, comment ferions-nous pour distinguer les nutriments ?

Nous ne sommes pas les seuls dans le règne animal à percevoir le goût des macronutriments, bien que d'autres animaux aient des organes gustatifs à des endroits différents et parfois improbables. Une mouche à viande femelle, comme une sauterelle, perçoit le goût du sucre et des acides aminés avec le bout de ses pattes et de son abdomen afin de pouvoir pondre sur quelque chose de suffisamment dégoûtant (à nos yeux, du moins) pour la croissance de ses asticots. Si cela vous paraît répugnant, n'oubliez pas que nous avons des récepteurs gustatifs dans nos intestins aussi bien que dans notre bouche afin de détecter les nutriments au fur et à mesure qu'ils sont décomposés par la digestion. Après tout, notre appareil digestif est ouvert aux deux extrémités. Tout comme nous goûtons la nourriture à l'entrée, notre organisme tient compte de sa composition tout au long du périple. Nous continuons même à détecter les nutriments après leur sortie des intestins et leur passage dans le sang à l'aide de récepteurs situés dans divers organes, dont le foie et le cerveau. C'est dans le cerveau que se trouvent les centres du contrôle de l'appétit. Des circuits de neurones reçoivent les signaux envoyés par le sang, le foie et l'intestin, et produisent la sensation de faim ou de satiété.

Comme pour les macronutriments, nous avons des organes gustatifs capables de détecter certains micronutriments, dont les sels minéraux, à la fois sur notre langue et en plusieurs endroits de notre corps.

Des goûts et des arômes spécifiques fournissent donc les informations permettant d'identifier les aliments et leur teneur en nutriments. Ils constituent l'aspect externe de l'équation alimentaire. Cela aide les animaux à décider ce qu'ils doivent manger, et l'importance de ce choix est évidente. Mais ni les goûts ni les arômes ne sont d'un grand secours pour permettre à l'animal de déterminer quelque chose de tout aussi important : de quelle quantité de chaque nutriment il a besoin à un moment donné. Cette moitié interne de l'équation est gérée par les systèmes de l'appétit.

C'est une erreur, et une erreur bien trop courante, de se représenter l'appétit comme une envie unique et puissante qui pousse les animaux (nous compris) à manger jusqu'à satiété. Comme nos sauterelles nous l'ont appris, un appétit unique ne permettrait pas à un individu de se procurer une alimentation équilibrée. Les animaux ont besoin d'appétits distincts pour gérer les différents nutriments qui leur sont indispensables.

Cependant, il y a une limite au niveau de complexité que les systèmes biologiques peuvent atteindre tout en continuant à fonctionner de manière efficace. C'est pourquoi nous ne pourrions pas avoir un appétit spécifique pour chaque nutriment parmi les dizaines dont nous avons besoin pour rester en bonne santé – de quoi nous rendre fous à l'heure des repas.

Au lieu de cela, nous avons découvert deux appétits chez les sauterelles : l'un pour les protéines, l'autre pour les glucides. Qu'en serait-il d'espèces plus complexes comme les humains ? De combien d'appétits avons-nous besoin ? Peut-être qu'une meilleure manière de poser la question serait de se demander quel est le nombre *minimum* d'appétits spécifiques à un nutriment dont nous avons besoin pour rester en bonne santé ?

Il semble que la réponse soit cinq. Il nous suffit de cinq appétits, qui nous poussent à consommer les nutriments suivants :

- Protéines
- Glucides
- Lipides
- Sodium
- Calcium

Cette liste contient les trois macronutriments, plus deux micronutriments d'une importance critique. Cela correspond précisément aux nutriments dont nous sommes capables de percevoir le goût. C'est une solution remarquablement élégante à un problème autrement impossible à résoudre. Nos appétits ont évolué pour cibler des arômes précis et pour nous amener à ne consommer que ce dont nous avons besoin pour survivre.

Ces nutriments (les cinq principaux, surnommés *Big Five*) se sont distingués au cours de notre évolution pour des raisons particulières. L'une est qu'ils doivent être présents à des doses bien précises dans notre régime – ni trop ni trop peu. Une autre raison est que les aliments que nous mangeons contiennent des taux très différents de ces nutriments :

il nous faudrait, par exemple, manger beaucoup plus de riz que de steak pour obtenir la quantité de protéines dont nous avons besoin. Troisièmement, certains de ces nutriments étaient si rares dans l'environnement de nos ancêtres que nous avions besoin de mécanismes biologiques spécialisés pour les rechercher.

Par exemple, le sodium et le calcium étaient autrefois si recherchés qu'ils sont devenus l'objet d'appétits dédiés, avec leurs propres récepteurs gustatifs – et nous ne sommes pas seuls dans ce cas. Le mot «salaire» vient du fait que le sel était si rare et précieux qu'il fut utilisé comme monnaie. Les gorilles mangent des écorces d'arbres pour s'alimenter en sel. Quant au calcium, il est si prisé par les pandas géants qu'ils migrent sur de grandes distances afin d'en trouver assez pour pouvoir se reproduire.

Qu'en est-il des autres nutriments essentiels, tels que les vitamines A, C, D, E, K, B1 (thiamine), B2 (riboflavine), B3 (niacine), B5 (acide pantothénique), B6, B7 (biotine), B9 (folate), B12 ou les minéraux comme le potassium, le chlore, le phosphore, le magnésium, le fer, le zinc, le manganèse, le cuivre, l'iode, le chrome, le molybdène, le sélénium et le cobalt? Pourquoi l'évolution ne nous a-t-elle pas pourvus d'un appétit spécifique pour chacun d'entre eux? L'une des raisons est que nos régimes naturels contiennent d'importantes quantités de ces nutriments, et qu'en consommant la bonne quantité des cinq nutriments principaux, nous obtenons automatiquement les autres. Cela nous épargne beaucoup de mesures et de calculs.

Si tout ce qui précède semble plutôt logique, c'est parce que ça l'est. Mais même les experts ont mis du temps à s'en rendre compte.

Pendant plus de six cents ans, le mot «appétit» a globalement été utilisé de la même manière, aussi bien dans les conversations ordinaires que par les spécialistes. Déjà en 1375, l'Écossais John Barbour évoquait dans un poème un copieux festin qui n'avait besoin « d'aucune autre sauce que l'appétit » ; la même idée est immortalisée dans l'expression anglaise selon laquelle « la faim est la meilleure des sauces ». Quelques années plus tard, en 1398, Chaucer observa que la force de l'appétit dépendait de la bonne santé : « La faiblesse de l'appétit précède la maladie » ; et en 1789, Benjamin Franklin fit ainsi le lien entre l'appétit et nos besoins en nutriments : « Ce qui nous ravit nous nourrit. »

L'étude scientifique de l'appétit est plus récente. Elle a commencé par une question importante : que se passe-t-il exactement dans notre corps pour que nous ayons faim ? Une hypothèse ancienne, qui date de 1912, a été baptisée « théorie du gargouillis ». Elle affirme que c'est le degré de remplissage de l'estomac qui gouverne l'appétit : la faim se déclencherait lorsque les parois de l'estomac vide se toucheraient (cause des gargouillis) et elle disparaîtrait lorsque l'estomac serait plein. La théorie du gargouillis reçut un coup fatal lorsqu'on finit par découvrir qu'on n'avait pas besoin d'estomac pour ressentir la faim : les patients à qui on avait retiré l'estomac pour soigner un cancer ou un ulcère continuaient à éprouver ce tiraillement familier.

Plusieurs théories s'ensuivirent, chacune proposant une méthode différente prétendument adoptée par l'organisme pour dire à notre cerveau quand nous devrions manger. L'hypothèse thermostatique suggéra que les animaux mangeaient afin d'obtenir assez d'énergie pour maintenir leur température corporelle et s'arrêtaient de manger pour éviter la surchauffe ; l'hypothèse glucostatique identifia la glycémie comme le facteur clé ; la théorie lipostatique se focalisa sur les réserves lipidiques de l'organisme ; et la théorie aminostatique affirma que les acides aminés en circulation dans le sang étaient responsables. Bien qu'elles soient de toute évidence différentes, toutes ces théories avaient en commun le fait d'identifier un seul élément du régime comme le lien entre l'appétit et les besoins de l'organisme : énergie, sucres, lipides ou acides aminés.

Dans les années 1930, un jeune scientifique nommé Curt Richter travaillait discrètement sur des rats dans son laboratoire de l'université Johns-Hopkins. Richter était le fils d'un ingénieur allemand et il ne tenait pas tant à élaborer des théories qu'à réaliser des expériences ingénieuses pour mesurer exactement comment l'organisme signalait au cerveau le besoin de déclencher certains comportements spécifiques, dont celui de se nourrir. En soixante-dix ans de recherches dans ce même laboratoire, Richter fit de nombreuses découvertes qui constituent un socle important pour nos recherches et pour ce que nous abordons dans cet ouvrage.

Lors d'une de ses expériences, Richter opéra des rats afin que leur organisme perde du sodium suffisamment vite pour les faire mourir rapidement. Mais au lieu de mourir, ils se mirent simplement à absorber plus de sel pour compenser la perte accrue. Fait notoire, ils ne consommaient pas plus de nourriture de manière générale, ni plus d'autres nutriments – seulement du sel. Il fit le même genre d'expériences avec le calcium et obtint le même résultat : les rats arrivaient à survivre en consommant plus de calcium, mais pas plus d'autres nutriments.

Afin de s'assurer que ce qu'il observait chez ces rats soumis à des privations s'appliquait aussi dans des conditions de vie normales, Richter étudia également leurs choix alimentaires lors des périodes où les rates connaissent une augmentation naturelle de leurs besoins de sodium et de calcium – au cours de la grossesse et de la lactation. Comme il le soupçonnait, dans ce cas aussi, elles adoptèrent des régimes comportant une plus grande quantité de ces nutriments. Les expériences de Richter avaient démontré que les rats n'avaient pas qu'un appétit, mais au moins deux, dédiés à des nutriments distincts. Toutes les autres théories – thermostatique, glucostatique, lipostatique et aminostatique – devaient être réévaluées. Cela ne voulait pas dire qu'elles étaient complètement fausses ; il y avait peut-être une part de vérité dans chacune d'entre elles.

C'est là que nos propres recherches sur les sauterelles entrent en jeu. Nous avons prouvé que, même chez les insectes, il existe des appétits multiples, et qu'ils peuvent servir à choisir un régime équilibré.

Mais les appétits n'existent pas seulement pour nous pousser à manger. Ils font autre chose de tout aussi important : ils nous disent quand nous arrêter. Cela implique que les nutriments de notre nourriture soient libérés par le processus de digestion, embarqués dans la circulation sanguine, et que le cerveau reçoive le signal de satiété. Le seul problème, c'est que ces signaux mettent du temps à se déclencher (certains n'agissent même pas avant la fin du repas). Le risque est donc de manger en excès, avant de recevoir le signal d'arrêt. Nous connaissons tous la sensation d'avoir mangé une telle quantité, et tellement vite, que nous ne nous sommes pas rendu compte que nous étions rassasiés depuis dix minutes. Et que, pendant ce temps, nous avons largué une bombe calorique dans notre organisme.

Comment éviter cela ? Il nous faut un frein pour ralentir notre alimentation et donner le temps aux nutriments, lentement absorbés, d'atteindre le sang et d'annoncer leur présence au cerveau. Heureusement, la nature nous offre cette possibilité sous la forme d'un élément qui a pour effet d'étirer les boyaux et provoque ainsi la sensation de satiété, tout en ralentissant la vidange de l'appareil digestif.

Il s'agit des fibres.

Pour les herbivores comme les sauterelles et les omnivores comme nous, les fibres sont la principale composante des aliments végétaux en termes de volume. Elles forment la structure des cellules et des tissus végétaux et, comme expliqué dans le chapitre 2 et dans la partie «En savoir plus sur les nutriments» (p. 267), une grande partie des fibres est composée de glucides complexes que nous ne pouvons pas digérer à l'aide de nos propres enzymes digestives. Cependant, une partie de ces fibres est digérée par les microbes qui vivent dans nos intestins – notre microbiote, comme on appelle cet ensemble de billions de bactéries.

En échange, ces microbes produisent des nutriments essentiels pour notre organisme : acides gras à chaîne courte, vitamines et acides aminés. Ils soutiennent aussi notre système immunitaire en garantissant la bonne santé de nos intestins et ils contribuent même à notre santé mentale. En plus de tout cela, le microbiote intestinal produit des signaux de satiété, qui jouent un rôle important dans notre système de contrôle de l'appétit.

Grâce aux sauterelles et à un peu de géométrie, nous avions eu un aperçu de la beauté et de la puissance des appétits pour les nutriments. Nous avions vu comment ils collaboraient en parfaite harmonie quand c'était possible – quand la bonne variété de nourriture était disponible – afin d'aider les animaux à résoudre les problèmes complexes que pose la recherche d'une alimentation équilibrée. Nous avions aussi vu, dans l'expérience des sauterelles, que lorsque les temps sont durs et qu'il n'est pas possible de suivre un régime équilibré, les appétits entraient en conflit. Dans ce cas, pour les sauterelles, l'appétit pour les protéines prenait le dessus, et les glucides suivaient de manière plus timide.

Nous avons commencé à nous demander si les sauterelles étaient juste une élégante anomalie, impossible à généraliser au reste du règne animal – et *a fortiori* aux humains –, ou si nous nous trouvions face à une règle générale de la nature. Si c'était le cas, cela avait son importance.

LE CHAPITRE 4 EN BREF

1. L'évolution a doté les animaux d'appétits distincts pour les protéines, les glucides, les lipides, le sodium et le calcium. À eux cinq, ces nutriments essentiels peuvent indiquer à l'organisme qu'il suit un régime équilibré.
2. Les fibres agissent comme un frein pour l'appétit ; elles empêchent la consommation excessive de nourriture et nourrissent le microbiote intestinal.
3. Lorsqu'on offre une nourriture adaptée aux sauterelles, leurs appétits pour les protéines et les glucides coopèrent de manière harmonieuse pour arriver à un régime équilibré.

→ Mais l'équilibrage des nutriments est-il une règle générale dans le règne animal ?

5

À la recherche d'exceptions

Lorsque des scientifiques s'approchent d'une découverte potentiellement importante, ils ont pour habitude de tempérer leur enthousiasme et de toujours se demander : « Et si nous avions tort ? » Dans notre cas, cette question a pris la forme suivante : « Se pourrait-il que la capacité d'appétits multiples à répondre aux besoins nutritionnels de l'organisme soit l'exception plutôt que la règle ? »

Plus précisément, il s'agissait de savoir si l'exploit d'équilibriste accompli par les sauterelles qui se nourrissaient dans notre labo était la norme chez d'autres animaux, non seulement en laboratoire, mais aussi dans leur environnement naturel. Notre petit doigt nous disait que l'équilibrage des nutriments à l'aide d'appétits multiples était probablement très répandu.

Ce n'était pas juste un vœu pieux, l'emballement de deux scientifiques qui auraient bien aimé avoir découvert quelque chose d'important. Nous avions de bonnes raisons de croire que nous avions peut-être fait une vraie découverte. Nous nous disions même que ce que nous observions était plus ou moins indispensable à tous les êtres vivants.

Nous le pensions en premier lieu à cause de la logique de Darwin. Le mécanisme par lequel les organismes acquièrent leurs caractéristiques et leurs aptitudes diverses est une simple nécessité quantitative : n'importe quelle caractéristique qui favorise la reproduction, pourvu qu'elle soit transmissible au moins en partie, sera léguée génétiquement à la génération suivante – davantage que les caractéristiques qui n'y contribuent pas. Puisque ces traits peuvent être hérités, les descendants dont les parents avaient cette caractéristique utile auront eux-mêmes un plus grand succès reproductif, et ainsi le trait utile se répand et remplace ses équivalents moins utiles dans la population.

Du point de vue de notre recherche, tout ce que nous savions sur la biologie nous poussait vers une même conclusion : les animaux qui équilibrent leur régime seraient mieux équipés pour se reproduire que ceux qui ne le font pas. Pour ces malchanceux, l'alimentation serait une sorte de loterie laissant le hasard décider quels besoins en nutriments seraient satisfaits et lesquels ne le seraient pas. Sans appétits pour les guider, les animaux pourraient avoir de la chance certains jours, et manger la combinaison de nutriments dont ils avaient besoin, mais la plupart du temps, ils passeraient à côté.

Mais si cette hypothèse était probable, elle n'était pas forcément vraie. Comment pouvions-nous la tester ? La manière la plus sûre aurait consisté à examiner chaque espèce sur la planète. Mais en ayant encore à l'esprit le travail immense qu'avait représenté notre étude sur les sauterelles, nous savions que ce n'était pas envisageable. Nous détenons le record du nombre d'espèces différentes étudiées du point de vue de leur sagesse nutritionnelle (nous en avons compté plus de cinquante, de la fourmi à l'élan, si on les classe par ordre de taille), et vous retrouverez beaucoup d'entre elles dans cet ouvrage. Mais ce n'est que la partie émergée de l'iceberg.

Il nous fallait une approche différente.

Nous nous sommes rendu compte que la manière la plus efficace de découvrir si l'équilibrage des nutriments était la règle dans le monde animal, ou s'il était l'apanage d'une minorité, était de renverser la question. Nous allions tester les espèces qui semblaient avoir le *moins* de chances d'équilibrer leur apport en nutriments. Si nous avions tort, cela nous en donnerait la preuve. Ce genre de scepticisme envers soi-même, consistant à tester une théorie en voyant à quel point elle résiste aux coups qu'on peut lui infliger, est non seulement une pratique courante dans la recherche scientifique, mais c'est une des caractéristiques qui la définissent. Cela fait partie des choses qui font que la science est la science.

À présent, notre but était donc de trouver des espèces qui ne se livraient pas à l'équilibrage des nutriments. S'il s'avérait que même les candidats les plus improbables le pratiquaient, ce serait une bonne raison de penser que la plupart, voire toutes les espèces, le pratiquaient. Quelles espèces avaient la plus grande probabilité de réfuter notre hypothèse ? Dans un sens, nous avions déjà étudié l'une d'entre elles. De tous les animaux, les sauterelles étaient parmi les plus réputés pour cette voracité aveugle qui les pousse à tout dévorer sur leur chemin. Ayant montré que même cette espèce régulait très précisément son apport en nutriments, nous avions bon espoir que les autres espèces feraient de même – surtout celles connues pour se montrer exigeantes dans leur alimentation.

Un défi encore plus ardu s'est présenté par hasard, lorsque nous sommes tombés sur une cacophonie de poulets caquetants, un étudiant avec un penchant philosophique et... « pas tripette ».

C'était en 1997, à l'époque où David donnait des cours sur le comportement animal au laboratoire Lancaster du département de zoologie d'Oxford. Les étudiants étaient en pleine expérience sur des groupes de poulets fraîchement éclos. Pendant ce temps, David discutait avec le célèbre biologiste de l'évolution et fervent athée Richard Dawkins, qui était passé voir d'où venaient tous ces piaillements.

Saisissant l'occasion, un jeune étudiant passionné du nom de Stephen Jones s'approcha et dit à Richard dans un anglais britannique élégant: «Je souhaiterais rédiger un mémoire sur la science postmoderne. Accepteriez-vous de le diriger?»

«Mais qu'est-ce donc que la science postmoderne?» demanda Richard, dans le style laconique qui le caractérisait. Et il répondit immédiatement à sa propre question: «Je vais vous le dire: c'est du vent» (*Exactly two halves of bugger-all*).

Richard savait bien – mieux que la plupart des gens – que la «science postmoderne» était une forme de relativisme culturel, un point de vue philosophique selon lequel la science ne serait qu'un système de croyances parmi d'autres, sans rapport privilégié à la vérité. Il savait que c'était faux pour les raisons évoquées plus haut: l'autoscepticisme scientifique est un filtre efficace pour éliminer les mauvaises théories et ainsi, au fil du temps, séparer les faits des croyances.

Richard refusa de diriger le mémoire de Stephen. Mais David, qui s'intéressait depuis peu à la frontière souvent ténue qui sépare les faits des croyances dans le domaine de la nutrition, accepta.

Stephen fit un travail remarquable. Bien que son mémoire n'ait pas révolutionné la philosophie de la connaissance, il allait apporter indirectement une contribution non négligeable à notre recherche de la vérité en matière de nutrition.

La rédaction de son mémoire donna envie à Stephen de faire un doctorat, dont l'objet d'étude aurait une importance pratique. Il choisit de travailler sur les cafards, ces nuisibles omniprésents, avec leurs habitudes dégoûtantes, leur mauvaise odeur et leur réputation de vecteurs de maladies. Nous y avons immédiatement vu une opportunité : les cafards étaient l'espèce idéale pour vérifier si l'équilibrage des nutriments était la règle générale dans le monde animal.

Il y avait plusieurs raisons à cela. Tout d'abord ces créatures antipathiques sont extrêmement rusées, adaptables et robustes. Les cafards peuvent vivre dans pratiquement tous les environnements, des forêts tropicales et tempérées aux marais salants, des déserts aux villes, en supportant des conditions qui mettraient la plupart des espèces en danger de mort. Dans les villes, ils sont tout aussi à l'aise à fouiller dans les poubelles, les canalisations et les égouts que dans les restaurants, les garde-manger, et, s'ils en ont l'occasion, votre assiette – n'hésitant pas à visiter tous ces lieux en un seul voyage. Derrière cette flexibilité se cache une aptitude remarquable à se plier à une grande diversité de régimes, y compris à l'absence de nourriture : ils peuvent survivre pendant un mois sans manger ni boire, et pendant plus de cent jours en n'ingérant que de l'eau. Quelques mécanismes très particuliers sont à l'origine de cette robustesse nutritionnelle.

Dans l'abdomen des cafards se cachent des milliers de petites épines. Chacune héberge des millions de bactéries, qui peuvent digérer des sources de glucides inutilisables pour la plupart des animaux, comme la cellulose, par exemple – la matière dont sont constitués le bois, le papier, le carton et le tissu de coton. Étant donné que la cellulose est le composé organique le plus abondant sur Terre et que peu d'autres animaux peuvent en extraire l'énergie, c'est un avantage précieux ; cela signifie que les cafards ne sont pratiquement jamais à court de glucides.

Et ce n'est pas tout. Tous les animaux ont besoin de se débarrasser des déchets azotés, lesquels sont issus de divers processus métaboliques impliquant la synthèse et la décomposition de protéines. Chez les mammifères, c'est la principale fonction de l'urine, tandis que la plupart des insectes, des oiseaux et des reptiles les excrètent sous la forme d'une pâte blanche composée d'acide urique. Si un cafard mange trop de protéines, il excrète lui aussi cet excès sous forme de déchets azotés. Mais contrairement aux autres animaux, les cafards n'en rejettent pas la totalité : une partie est stockée dans de petits cristaux au sein de cellules spécialisées appelées « urocytes », qui se trouvent dans le corps gras, l'équivalent du foie chez les insectes. En plus des urocytes, il existe un autre type de cellules graisseuses, les mycétocytes. Ces dernières contiennent des populations de bactéries captives qui ne peuvent vivre nulle part ailleurs au monde. Leur fonction est d'utiliser l'azote emmagasiné dans les urocytes comme matière première afin de fabriquer des acides aminés, qu'elles libèrent dans le sang pour que le cafard puisse en faire des protéines. Les bactéries des mycétocytes sont, de fait, des usines internes de recyclage d'azote.

Avec des capacités aussi flexibles de traitement des glucides et des protéines, les cafards n'auraient *a priori* pas besoin de se donner autant de mal que les autres animaux pour consommer les quantités exactes de sucres, d'amidons et de protéines dont leurs tissus ont besoin. Nous supposions que c'était pour cela que les cafards pouvaient se satisfaire de régimes si variés et qu'ils pouvaient survivre dans tant d'habitats différents.

C'est aussi pour cela que nous étions enthousiastes à l'idée de vérifier s'ils équilibraient effectivement leurs apports en nutriments. Si un animal qui n'a apparemment aucun besoin de consommer une quantité particulière de glucides et de protéines le fait néanmoins, on peut supposer que les espèces qui en ont le plus besoin procèdent de même.

Stephen réalisa une expérience ingénieuse pour tester cette théorie. Dans un premier temps, il fit suivre trois régimes différents à des cafards pendant deux jours : un groupe reçut un régime riche en protéines et pauvre en glucides, un autre un régime riche en glucides et pauvre en protéines, et le troisième des taux intermédiaires des deux nutriments. Pour des humains, ç'aurait été comme manger soit uniquement du poisson, soit uniquement du riz, soit une combinaison de poisson et de riz (des sushis). Après cette période, les cafards se voyaient proposer un buffet comprenant les trois régimes, dont ils pouvaient prélever à leur guise ce qu'ils préféraient.

Nous avons été surpris par les résultats. Quand Stephen a affiché les points de données dans notre graphique habituel montrant l'apport en protéines et en glucides, nous avons immédiatement constaté que les cafards équilibraient bien leurs apports en nutriments, mais également qu'ils le faisaient avec tout autant de précision et de détermination que ce que nous avions observé jusque-là (et jusqu'à ce jour).

Le graphique montrait que, dans la phase finale (le « buffet à volonté »), les cafards qui avaient jusqu'alors suivi le régime « sushi », avec un taux équilibré de protéines et de glucides, s'étaient servis des trois options proposées afin de se composer un régime proche de celui qu'ils avaient suivi. Les deux autres groupes s'étaient d'abord concentrés exclusivement sur la nourriture contenant le nutriment dont ils avaient été privés : s'ils avaient été forcés de ne consommer que des glucides, ils avaient compensé ensuite en mangeant des protéines, et vice versa. Ils avaient continué à manger de cette manière pendant dix heures, après lesquelles les deux groupes s'étaient mis à manger des trois aliments. Au bout de quarante-huit heures de buffet, ils avaient atteint leurs apports nutritionnels optimaux. À partir de ce seuil, les trois groupes avaient mangé un mélange identique de protéines et de glucides, et ils avaient continué ainsi jusqu'à cent vingt heures plus tard (la fin de l'expérience).

Le message était on ne peut plus clair. Chaque insecte avait consommé la quantité précise de nutriments dont il avait besoin pour corriger le déséquilibre que nous lui avions imposé, et une fois qu'il y était parvenu, tous les cafards avaient choisi le même régime, qui garantissait leur équilibre nutritionnel. Le terme de « sagesse nutritionnelle » était en vogue à l'époque, mais ce que nous avions observé relevait carrément du *génie* nutritionnel : les cafards s'étaient comportés comme des missiles à tête chercheuse de nutriments.

Peu après cette expérience, Stephen a abandonné la recherche pour se lancer dans une carrière ecclésiastique. Nous ne l'avons pas encore annoncé à Richard Dawkins.

Grâce aux cafards, nous étions encore plus confiants dans le fait que l'équilibrage des nutriments n'est pas une capacité obscure réservée à une poignée d'espèces. Mais ces créatures fascinantes, bien qu'un peu repoussantes, intéressaient surtout les chercheurs spécialisés dans la lutte contre les nuisibles. Pour pousser plus loin notre exploration de l'équilibrage des nutriments dans la nature, nous nous sommes tournés vers une autre espèce dont on estimait généralement qu'elle n'équilibrait pas sa consommation de nutriments.

Le groupe des prédateurs était un choix idéal. Selon la théorie de la stratégie optimale de recherche de la nourriture (*optimal foraging theory*), ces animaux n'auraient pas besoin de se montrer sélectifs pour équilibrer leur apport en nutriments, puisque leur source de nourriture – le corps d'autres animaux – était censée contenir la même combinaison de nutriments variés que l'animal qui la consommait (faisant au passage de l'axiome « Vous êtes ce que vous mangez » une vérité littérale). Par conséquent, les scientifiques considéraient que les prédateurs n'avaient aucun effort à faire pour avoir un régime équilibré, au contraire de nous autres créatures qui consommons plusieurs types d'aliments.

Si c'était vrai, cela aurait des implications évidentes pour notre théorie de l'équilibrage des nutriments : elle ne s'appliquerait pas au vaste ensemble des animaux qui se nourrissent d'autres animaux.

Il nous fallait tester cette hypothèse. L'occasion idéale s'est présentée lorsque David s'est retrouvé dans le jury de la thèse sur les araignées d'un jeune chercheur danois, David Mayntz.

Ce fut une expérience intéressante. Dans ses jeunes années, la soutenance de thèse de David à l'université d'Oxford avait été une affaire sérieuse, nécessitant à l'époque cinq heures de discussion approfondie et de débat avec un jury restreint d'experts, au terme desquelles il fut décidé que le candidat avait mérité son doctorat. Si l'on comparait cela (non sans raison) à un match de boxe full-contact, alors une soutenance de thèse danoise ressemblerait plutôt à la mascarade du catch professionnel. Le candidat s'assoit avec le jury sur une estrade devant un public comprenant généralement la famille et les amis du doctorant. À ce stade, la décision d'obtention du doctorat a déjà été prise, et la fonction principale de l'entretien est le divertissement : cela donne aux candidates et candidats l'occasion de montrer leur expertise et leur éloquence lors d'un débat sur leur sujet de recherche.

Son doctorat fraîchement obtenu, David Mayntz est venu travailler avec nous à Oxford en appliquant la géométrie nutritionnelle aux prédateurs. Nous avons donc conçu une expérience comme celle que Stephen Jones avait faite sur les cafards. Dans un éclair de génie, David Mayntz nous a suggéré d'inclure dans l'expérience non pas une, mais trois espèces de prédateurs ayant chacune une stratégie de chasse différente. Voilà qui constituait un test rigoureux de notre théorie.

La première espèce, un coléoptère terrestre, se déplace dans son environnement à la recherche de proies d'une manière assez semblable à celle dont les cafards cherchent leur nourriture. Dans la nature, ces animaux peuvent (en théorie du moins) choisir les proies qu'ils capturent et consomment.

La deuxième était une araignée-loup. Comme le coléoptère, il s'agit d'une espèce mobile, mais au lieu de partir en quête de ses proies, elle attend en embuscade que son dîner vienne à elle.

La troisième espèce était la moins mobile de toutes : une araignée tisseuse de toile, qui investit dans la construction d'un piège pour ses proies.

Notre raisonnement était le suivant : si les prédateurs équilibraient effectivement leur apport en nutriments, le scarabée mobile, qui avait l'occasion de rencontrer de nombreux types de proies différents, était celui qui avait le plus de chances de le faire. L'araignée tisseuse de toile, ne pouvant pas choisir qui vient se prendre dans sa toile, avait le moins de chances de le faire. Notre araignée-loup, un prédateur en embuscade, serait quelque part entre les deux : bien qu'elle ne puisse pas décider qui vient à sa portée, elle peut facilement passer d'une cachette à une autre pour modifier ses chances d'attraper tel ou tel type de proie.

Nous avons testé chaque espèce au cours d'une expérience adaptée à son écologie. Nous avons proposé aux coléoptères mobiles un test de style « buffet », comme dans l'expérience des cafards, dans lequel les différents aliments étaient disponibles au même moment. Dans la nature, les araignées tisseuses doivent se contenter de ce qui tombe dans leur piège. Dans notre expérience, plutôt que de leur présenter un choix de proies, nous avons donné à chacune une seule victime contenant une forte ou une faible proportion du nutriment dont elles manquaient – lipides ou protéines – et nous avons mesuré la réaction des araignées à chaque offre. Enfin, comme leurs congénères tisseuses, les araignées embusquées peuvent à l'état naturel choisir leur cachette, mais pas les proies qui arrivent à leur portée. Nous les avons également testées en leur proposant une proie à la fois, contenant un taux élevé ou bas du nutriment dont elles manquaient.

(Vous vous demandez peut-être comment nous avons obtenu des proies avec des taux différents de lipides et de protéines. La réponse est que nous avons élevé ces proies – des mouches – dans notre laboratoire en leur imposant des régimes différents. Nous avons conçu certains régimes dans le but d'engraisser les mouches, et ces insectes dodus ont fait office de repas riches en lipides pour leurs prédateurs, tandis que d'autres mouches sont restées sveltes en mangeant un aliment pauvre en lipides et riche en protéines.)

Les coléoptères vagabonds se sont comportés en grande majorité comme les cafards : ceux qui auparavant avaient été obligés de manger des proies maigres ont choisi des aliments riches en lipides, et ceux qui avaient été privés de protéines ont opté pour la nourriture qui en contenait le plus. L'araignée embusquée a dosé ses nutriments en consommant des *quantités* différentes des proies qui lui avaient été proposées, selon leur composition : une plus grosse portion d'animaux gras s'il lui fallait des lipides et une plus grosse portion d'animaux maigres s'il lui fallait des protéines.

C'est l'araignée tisseuse qui a eu le comportement le plus remarquable. Pour manger, elle injecte dans sa proie un cocktail d'enzymes digestives, puis elle aspire une soupe de nutriments prédigérés du corps de sa victime, en laissant de côté les restes solides. Nous avons découvert que les restes étaient vidés du nutriment dont le prédateur avait le plus besoin, ce qui suggérait que ces araignées étaient capables d'adapter le cocktail d'enzymes qu'elles injectaient dans leur proie afin de satisfaire des besoins nutritionnels spécifiques.

L'expérience de David Mayntz avait montré non seulement que les trois prédateurs équilibraient leur apport en nutriments, mais aussi que les mécanismes variaient en fonction des stratégies de recherche de nourriture. Certains choisissaient parmi leurs proies, certains régulaient la quantité d'une proie spécifique qu'ils consommaient, et d'autres extrayaient des nutriments spécifiques de la proie qu'ils avaient capturée. Il semblait de moins en moins probable de trouver un nombre significatif d'espèces animales n'équilibrant pas leur apport en nutriments.

D'habitude, quand les gens pensent aux prédateurs, leur imagination ne les projette pas spontanément vers des invertébrés comme les scarabées et les araignées, mais vers des prédateurs-vedettes comme les lions, les tigres et les requins. Est-ce que ces derniers combinent eux aussi méticuleusement leurs aliments dans les proportions nécessaires pour équilibrer leurs apports en nutriments ? Cela paraît ridicule d'imaginer un lion ou un requin étudiant sa proie pour en choisir les morceaux adaptés à ses besoins nutritionnels du moment, mais après tout, nos recherches nous avaient habitués aux surprises au cours des années précédentes.

L'idée de tenter sur des animaux mangeurs d'hommes des expériences comme celles que nous avions faites sur les sauterelles était encore plus ridicule. Heureusement, nombre d'entre nous abritent dans leurs foyers des prédateurs qui risquent moins de dévorer leurs expérimentateurs.

Une occasion s'est présentée lorsque nous avons été contactés par Adrian Hewson-Hughes, chercheur dans une grande entreprise de nourriture pour animaux de compagnie. Adrian était tombé sur nos recherches et il se demandait si notre théorie s'appliquait aux chats et aux chiens domestiques. C'étaient les implications pratiques qui intéressaient Adrian (et nous aussi), mais nous avons également vu là une merveilleuse occasion de découvrir si les prédateurs vertébrés équilibraient leur régime.

À la première occasion, nous avons rendu visite à Adrian et son équipe et nous les avons aidés à élaborer des expériences de géométrie nutritionnelle pour tester la théorie. Il a fallu quelques années avant que les expériences ne se fassent, mais les résultats valaient bien l'attente. Dans chaque cas, nous avons découvert que l'équilibrage nutritionnel est le facteur le plus déterminant du choix et du comportement alimentaire des animaux domestiques. Nous avons aussi trouvé des différences fascinantes entre ces espèces, en lien avec leur histoire évolutive.

Les chats ont choisi un régime dont 52 % de l'énergie provient des protéines, ce qui est une valeur typique des prédateurs sauvages que sont les ancêtres des chats domestiques et les loups. Les chiens des cinq espèces étudiées ont préféré un régime contenant seulement de 25 % à 35 % de protéines – beaucoup moins que dans le régime des loups, dont les chiens descendent, et plus que dans celui des omnivores. Cela suggère que les chiens ont été transformés par le processus de domestication à un degré plus élevé que les chats.

Pourquoi? Plusieurs années plus tard, David a été témoin de l'explication la plus probable de cette particularité.

Il se trouvait dans la station de recherche de Tuanan, dans les forêts marécageuses de Bornéo, où il étudiait les orangs-outans sauvages. Dans la station, il y avait à la fois des chats et des chiens. Tuanan n'est pas une destination touristique (nous verrons pourquoi dans le chapitre 9), et comme tous les autres résidents, chacune des deux espèces était là pour accomplir une tâche. Les chats avaient pour mission de chasser les souris, qui auraient pu menacer les réserves de nourriture, et les chiens étaient chargés d'alerter les chercheurs lorsque des léopards ou d'autres animaux sauvages approchaient.

David nota deux choses importantes au sujet de ces animaux utiles aux humains. La première aurait pu lui sembler injuste, s'il avait ignoré la réalité plus subtile : seuls les chiens étaient nourris. Les chats, eux, étaient obligés de se débrouiller tout seuls, ce qui les rendait plus efficaces dans la lutte contre les nuisibles.

La seconde, c'était la nature des aliments que l'on donnait aux chiens. La station de recherche était très isolée : pour y arriver, l'équipe avait dû faire plusieurs heures de voiture sur des routes accidentées, suivies de plusieurs heures de trajet supplémentaires sur un grand canoë en bois à moteur pour remonter une rivière à travers la forêt, comme dans une scène d'*Au cœur des ténèbres* de Joseph Conrad. On manquait de place sur le bateau. Les passagers humains étaient serrés les uns contre les autres, et tout l'espace restant était rempli de fournitures précieuses et d'équipement de recherche.

Il n'y avait donc ni boîtes ni sachets de savoureuse nourriture pour chiens, car rien de tout cela ne parvenait à la station. Les chiens se contentaient d'un régime identique à celui de leurs ancêtres domestiqués, avant l'invention de la « nourriture pour chiens », et même avant l'invention de l'agriculture : les restes de nos repas.

Et c'est probablement la raison pour laquelle les chats et les chiens domestiques n'ont pas la même combinaison de macronutriments préférée. De petite taille et souvent appréciés pour leur capacité à limiter les populations de rongeurs, les chats ont continué à chasser et à manger des proies tout au long de leur évolution et de leur domestication. Les premiers chiens étant plus gros, une priorité importante (et probablement très ancienne) dans leur domestication a été d'éliminer leur instinct de chasse, pour lequel les loups étaient connus et redoutés, dans l'intérêt des humains et de leur bétail. Au lieu de cela, les chiens ont été obligés de se contenter de nos restes, qui sont beaucoup plus riches en glucides et en lipides que le régime habituel des carnivores, et ils se sont ainsi rapprochés de nous, leurs maîtres omnivores, dans leur choix de nutriments.

Un autre résultat du changement de régime des chiens est qu'ils ont acquis la capacité de digérer l'amidon plus efficacement que les autres carnivores, par la sélection d'un nombre accru de gènes de la production d'enzymes d'amylase. Au fil du temps, comme nous le verrons dans le chapitre 10, les humains ont connu le même genre d'évolution en réaction à la production agricole de plantes riches en amidon, telles que les céréales. Cela montre comment un environnement partagé (en l'occurrence le monde riche en glucides engendré par l'agriculture) peut produire des changements similaires chez des espèces différentes : c'est un processus dit « d'évolution convergente ». Nos chiens se sont humanisés.

Néanmoins, bien qu'elles aient parfaitement dosé les macronutriments dans leur alimentation, certaines races de chiens que nous avons testées sont allées trop loin du point de vue de la quantité consommée. Ces chiens ont même ingéré beaucoup plus de calories qu'il ne leur en fallait d'après nos calculs. Aucun propriétaire de labrador ne sera surpris d'apprendre qu'ils ont mangé quasiment deux fois plus que nécessaire. Une explication probable se cache dans leur histoire évolutive : les chiens descendent des loups, lesquels sont adaptés à un mode vie où alternent festins et famines, et dans lequel ils sont en concurrence avec les autres membres de la meute pour se gorger de leurs proies occasionnelles en prévision des longs jeûnes qui s'ensuivent. Dans la perspective qui nous intéresse, cependant, cela nous enseigne un fait notable : même les gloutons doivent équilibrer leurs nutriments.

Nous avions vraisemblablement appris quelque chose d'important en constatant l'impressionnant équilibrage de nutriments chez les prédateurs, mais cela nous avait aussi fait réfléchir. Concernant le choix de la nourriture, la théorie la plus répandue prédisait que les prédateurs n'auraient aucun besoin d'équilibrer leur apport en nutriments, car les tissus des animaux consommés leur fournissaient déjà un apport équilibré pour leurs besoins de carnivores. Mais alors, pourquoi les prédateurs se nourrissent-ils en fait de manière sélective pour équilibrer leurs nutriments ? En cela, ils se comportaient de manière très similaire à ce que nous avions observé chez les herbivores et les omnivores.

Et puis nous nous sommes rendu compte que notre postulat de départ était erroné.

La théorie de la stratégie optimale de recherche de la nourriture faisait fausse route en considérant que la composition corporelle des animaux était constante. Nous avons pris conscience du fait qu'il y avait une variation importante dépendant de la saison, du régime de la proie, de son état de santé, et d'autres facteurs encore. Nous en avons déjà vu un exemple plus haut : en modifiant le régime des mouches, nous avions réussi à créer des proies grasses ou maigres pour les araignées de l'expérience de David Mayntz. Pensez aussi à la teneur en lipides de notre propre espèce : elle peut varier de seulement 2 % du poids corporel chez des athlètes olympiques à plus de 50 % chez les obèses – l'équivalent de la différence entre les lentilles sèches et la sauce béarnaise.

Plus important encore : aucun régime unique ne reste optimal pendant toutes les phases de la vie d'un prédateur. Comme ceux de n'importe quel animal, les besoins nutritionnels des prédateurs changent selon qu'ils sont en pleine croissance, ou qu'ils sont adultes et en période de reproduction, malades ou en bonne santé, actifs ou sédentaires, etc. Ainsi, comme les herbivores et les omnivores, les prédateurs se nourrissent de manière sélective afin d'adapter leur régime à leurs besoins du moment, et la diversité des proies disponibles leur en donne l'occasion.

Ceci fut illustré par une autre étude que nous avons réalisée avec David Mayntz. Il s'agissait de la même espèce de coléoptères terrestres que dans l'expérience avec les araignées, à une différence près : cette fois-ci, David partit sur le terrain et préleva des scarabées juste au moment où ils émergeaient de leur longue hibernation, après l'hiver glacial du Danemark, puis il les apporta au laboratoire pour les étudier.

Durant leur hibernation, les scarabées ne mangent rien. Ils survivent en puisant dans les réserves de lipides qu'ils ont accumulées. Nous savions donc qu'ils seraient très maigres au moment du prélèvement et qu'ils auraient un besoin urgent de refaire du gras. Nous cherchions donc à savoir si cela allait influencer leurs choix alimentaires.

En effet, les scarabées ont commencé par choisir un régime riche en lipides. Puis, au fur et à mesure que leurs réserves en lipides augmentaient, ils ont peu à peu réduit leur consommation de ce nutriment et consommé davantage de protéines. Cela non plus n'avait rien d'une coïncidence : ils se préparaient à entrer dans leur phase de reproduction, qui exige chez les insectes une forte consommation de protéines.

La leçon, bien entendu, est qu'il n'existe pas un régime équilibré unique pour ces coléoptères : leurs besoins évoluent au cours de leur cycle de vie. Le choix de nutriments change même en fonction du niveau d'activité de l'animal. Une autre étudiante qui travaillait avec nous, Louise Firth, a fait voler des sauterelles pendant des temps variables et elle a découvert que celles qui avaient volé le plus longtemps choisissaient un régime plus riche en glucides qu'en protéines, car les glucides fournissent le carburant utilisé lors du vol.

Ainsi chez (presque) tous les animaux, y compris les prédateurs, l'alimentation est un processus qu'on pourrait comparer au tir sur une cible mouvante à l'aide d'un fusil tremblant. Des mécanismes de stabilisation spécialisés (en l'occurrence, des appétits en interaction les uns avec les autres) doivent collaborer pour que cela puisse fonctionner. Il est probable qu'il y ait peu d'exceptions et qu'elles soient limitées à des cas très particuliers.

Parmi ces exceptions figure la nourriture conçue spécifiquement pour satisfaire tous les besoins nutritionnels d'un animal : le lait des mammifères. Un exemple particulièrement fascinant est celui du *Macropus eugenii decres*, un wallaby australien. Chez cette espèce, le petit vit dans une poche sur le ventre de sa mère et n'a donc aucune possibilité d'ingérer autre chose que son lait. Mais derrière l'appellation unique de «lait» se cache plus qu'un seul et même aliment: le lait de la mère wallaby subit des modifications complexes de composition au fil du temps. Le mélange de nutriments change selon les besoins du bébé à tel ou tel stade de son développement. Par exemple, différentes combinaisons d'acides aminés sont produites pour permettre la croissance du cerveau, des poumons, des ongles et de la fourrure. De plus, les femelles peuvent porter en même temps dans leur poche deux petits d'âges différents. Quand cela arrive, chacun a une tétine dédiée, qui produit le cocktail de nutriments dont il a besoin à son âge. Cependant, nous prédisons que lorsque les petits quittent le cocon protecteur de la poche et deviennent autonomes, leurs mécanismes d'alimentation ne devraient pas être différents de ceux des autres espèces. Eux aussi développeront des appétits spécifiques pour divers nutriments.

Nous avions répondu à notre question de départ: oui, l'équilibrage des nutriments est courant chez de nombreuses espèces, ce n'est pas une exception. Nos expériences avaient montré qu'on trouve ce mécanisme chez des herbivores, des omnivores et des carnivores, aussi bien domestiqués que sauvages, et nous avions revisité la théorie de la stratégie de recherche optimale de la nourriture pour expliquer ce phénomène.

Mais en tant que biologistes habitués à observer les animaux dans leur environnement naturel, nous étions conscients du fait que la nature n'a pas toujours la gentillesse de fournir de la nourriture variée en abondance et qui favorise un régime toujours équilibré. Dans le monde réel, il est souvent impossible pour un animal de consommer la quantité convenable de chaque nutriment. Nous supposions que ce genre de déséquilibre était si répandu que les animaux avaient forcément un plan B – autrement dit, leurs systèmes d'appétits auraient besoin de pouvoir réagir quand il était impossible d'obtenir les nutriments nécessaires. Ils auraient besoin d'une réaction qui permette un compromis et les aide à compenser l'excès d'un nutriment aux dépens des autres.

C'était exactement la question à laquelle nous avions essayé de répondre avec l'expérience des sauterelles : en quoi consiste le plan B pour une sauterelle ? La réponse était qu'en fin de compte elles donnaient la priorité aux protéines par rapport aux autres nutriments et qu'elles allaient jusqu'à prolonger leur croissance et devenir obèses si c'était nécessaire pour atteindre leur apport cible en protéines. Nous nous sommes alors demandé quel serait le plan B pour les humains. À notre connaissance, la question n'avait jamais été posée et n'avait *a fortiori* pas encore de réponse. Nous avons décidé de résoudre cette énigme, et ce qui s'est ensuivi a déterminé le reste de notre carrière.

LE CHAPITRE 5 EN BREF

1. Même les espèces animales les plus inattendues – des cafards aux chats – peuvent utiliser leurs différents appétits pour se composer un régime équilibré, fonctionnant comme de véritables missiles à tête chercheuse de nutriments.
2. Cependant, comme nous l'avons vu dans le chapitre 3, ces appétits entrent en concurrence quand le régime est déséquilibré ; et chez les sauterelles, les protéines sont toujours gagnantes dans cette compétition.

→ Qu'en est-il des humains ?

6

L'hypothèse du levier protéique

Un jour de l'année 2001, une étudiante en licence nommée Rachel Batley frappa à la porte du bureau de Steve. «Je cherche des idées de sujets pour mon mémoire, dit-elle, de préférence sur les humains.»

C'était une démarche inhabituelle. Non pas le fait de rédiger un mémoire, car c'était une étape obligée de la licence de zoologie à Oxford, mais le fait de vouloir étudier l'animal humain plutôt que les insectes, les blaireaux, ou tout autre être vivant à première vue plus zoologique qu'*Homo sapiens*.

Dans ce domaine de recherche, les humains sont une source de complications.

«Eh bien, justement, répondit Steve, il se trouve qu'il y a une expérience sur les sauterelles que nous avions envie de refaire avec des sujets humains…»

L'élégante simplicité des résultats sur les sauterelles nous avait fait réfléchir à notre propre condition d'humains – plus précisément, elle nous avait encouragés à nous demander si nous étions vraiment aussi différents et complexes que nous aimerions le croire, ou bien si, derrière notre libre arbitre et nos prétentions culturelles, nous ne serions pas exactement comme les sauterelles, détenteurs d'un petit nombre d'instincts puissants et anciens qui déterminent ce que nous mangeons et en quelle quantité. Et si les appétits pour les macronutriments faisaient partie des forces biologiques fondamentales, cela soulevait une autre question : les lipides ou les glucides étaient-ils les principaux coupables de la montée de l'obésité, comme on les accusait souvent de l'être ? Après tout, la consommation croissante de calories qui a alimenté l'épidémie mondiale d'obésité était imputable aux lipides et aux glucides, et sûrement pas aux protéines. L'apport en protéines, quant à lui, est resté relativement stable pendant des décennies.

Mais depuis ses débuts, l'étude de la nutrition humaine a été entravée par la difficulté de savoir exactement ce que les gens mangent. La plupart des recherches se sont basées sur les déclarations des sujets desdites recherches, notamment sur ce qu'ils ont mangé les jours précédents. Le problème, c'est que nous oublions. Nous trichons aussi et nous nous mentons autant que nous mentons aux autres. Le chercheur en nutrition John de Castro raconte l'anecdote suivante : il pensait avoir résolu le problème en demandant à ses sujets de prendre chacun de leurs repas en photo. En se servant de ces photos comme aide-mémoire pour remplir leurs questionnaires alimentaires, ils auraient dû ne rien oublier. Du moins c'est ce qu'il pensait. Il découvrit en fait ce qu'il appela l'effet du « brownie fantôme ». Le gâteau était là, sur la photo, dans toute sa gloire succulente et riche en calories, et pourtant les participants n'inscrivaient pas ledit brownie dans leur journal alimentaire, contrairement aux fruits, aux légumes et au poulet qui trônaient dans l'assiette juste à côté (ces derniers étaient inscrits sans faute).

Plutôt que de s'appuyer sur les souvenirs alimentaires, il serait plus fiable de traiter les sujets humains comme nous avions traité les sauterelles : en les gardant enfermés, à l'isolement, pendant une longue période, sans rien d'autre à manger que des rations d'une seule et même bouillie expérimentale. Cela permettrait certainement une mesure fiable des apports nutritionnels, mais ne pousserait pas les volontaires à se bousculer pour participer à l'expérience.

Heureusement, Rachel trouva une solution merveilleuse. Sa famille était propriétaire d'un chalet isolé dans les Alpes suisses, un endroit convivial et suffisamment éloigné de tout café ou supermarché. Elle recruta un groupe de dix amis et membres de sa famille et les emmena passer une semaine sans caféine, alcool, ni chocolat, afin qu'ils deviennent des sauterelles humaines.

Voici comment l'expérience fut conçue : pendant les deux premiers jours, les participants mangeaient ce qu'ils voulaient, dans la quantité qu'ils voulaient, en se servant dans un buffet de viande, poisson, œufs, produits laitiers, pains, fruits, légumes, etc. Tout était pesé, et des tableaux nutritionnels étaient utilisés pour vérifier le taux de protéines, glucides et lipides de chaque aliment. Toutes ces données furent enregistrées pour chaque repas et chaque en-cas consommé par chaque participant.

Puis, le troisième et le quatrième jour, les participants furent séparés en deux groupes, et leurs choix furent restreints. Un groupe se vit attribuer un buffet riche en protéines (viande et poisson, œufs, produits laitiers maigres, un peu de fruits et légumes) ; l'autre hérita d'un régime pauvre en protéines, mais riche en glucides et en lipides, contenant tout sauf de la viande, du poisson et des œufs (beaucoup de pâtes, de pain, de céréales, et même des desserts). Une fois de plus, tous les sujets mangèrent autant qu'ils le voulaient, leurs choix furent enregistrés, ainsi que la mesure des calories et des micronutriments correspondants. Exactement comme cela avait été fait pour les sauterelles, les araignées, les cafards et les autres animaux auparavant.

Après deux jours de ce régime, ils furent remis pendant deux jours au régime « buffet », proposant toutes sortes d'aliments ; enfin, leur travail étant achevé, on les relâcha dans la nature. Pendant ce temps, nous faisions nos calculs. Mais cela demandait beaucoup de temps, et les obligations quotidiennes de la vie universitaire intense d'Oxford ne nous facilitaient pas la tâche.

En juillet 2002, nous avons tous les deux levé le camp avec nos familles direction Berlin, pour une année d'enseignement au Wissenschaftskolleg (Institut d'études avancées). Tous les ans, le conseil d'administration de cet institut invite quarante universitaires du monde entier et de toutes les disciplines à se rassembler en une communauté temporaire. Cette année-là, il y avait parmi nous des écrivains, des compositeurs, des biologistes, des économistes politiques, des philosophes, des ethnographes, et plus encore. L'un d'entre nous, l'auteur hongrois Imre Kertész, reçut le prix Nobel de littérature au mois d'octobre. (Nous n'y étions pour rien, mais nous fûmes heureux de fêter cela avec lui.)

Notre bureau de la villa Jaffé avait déjà été témoin de la sauvagerie qui fait partie de la nature humaine. Lors de la Seconde Guerre mondiale, le bâtiment avait été réquisitionné par les nazis sous les lois de Nuremberg afin de loger la Ligue de la chasse du Reich de Hermann Göring. Après la guerre, il devint une usine de boutons avant d'être restitué à la famille de ses anciens propriétaires, qui vivaient alors en Israël.

Nous avons commencé l'année en nous plongeant dans les

résultats de l'étude du chalet suisse. Voici ce qu'ils révélaient : lorsqu'on leur permettait de choisir leur régime, au cours de la première phase de l'expérience, les participants étaient bien parvenus à consommer le nombre de calories attendu, avec un taux d'environ 18 % de protéines – exactement ce à quoi on s'attendrait chez des humains, puisque 15 à 20 % est la fourchette typique qui ressort des études dans le monde entier. Soit dit en passant, c'est très proche du taux de macronutriments absorbés par Stella le babouin au cours de sa période d'observation de trente jours – un taux de 17 % de protéines.

Chose frappante, dans la deuxième phase de l'expérience, celle où les participants étaient séparés en groupes recevant un régime riche en protéines, en glucides ou en lipides, chacun a maintenu son apport en protéines à un niveau similaire à celui de la période de libre choix. Pour ce faire, ceux qui étaient au régime riche en glucides ou en lipides ont dû manger 35 % de calories en plus pour atteindre leur apport cible en protéines. Au contraire, ceux qui s'étaient vu attribuer le menu riche en protéines ont mangé au bout du compte 38 % de calories de *moins* qu'avant.

Clairement, nos participants avaient réagi de la même manière que nos sauterelles : leur appétit pour les protéines semblait avoir déterminé la consommation totale de nourriture.

Mais à ce stade, nous étions tous conscients que ceci demeurait une hypothèse plutôt qu'une certitude. Les humains sont des créatures complexes, nombreuses et diverses, et nous avions seulement prouvé que ce petit groupe de participants mangeait d'une certaine manière dans des circonstances contrôlées. Les résultats pouvaient-ils être expliqués d'une autre manière que par la similitude entre le comportement alimentaire des humains et celui des sauterelles ?

Nous n'avions pas cherché à savoir, par exemple, comment nos sujets humains avaient mangé avant l'expérience.

Peut-être que, par coïncidence, les deux groupes que nous avions formés avaient déjà des habitudes alimentaires différentes avant l'expérience. De plus, contrairement aux sauterelles, qui étaient isolées individuellement dans des boîtes en plastique, les participants avaient mangé dans un cadre très convivial, qui les mettait à la merci de l'influence des choix alimentaires de leurs amis. Et tandis que les animaux s'arrêtent de manger dès qu'ils n'en ont plus envie, nous autres humains nous sentons généralement obligés de finir notre assiette, par politesse ou pour ne pas faire de gaspillage. Cela a même un nom scientifique : la « compulsion d'achèvement » (*completion compulsion*).

Malgré ses limites potentielles, l'expérience de Rachel avait fourni des résultats très intéressants. Étant donné la similitude entre le comportement des sauterelles et celui des humains, nous nous sentions en mesure d'avancer l'hypothèse suivante :

> Dans un environnement pauvre en protéines, mais riche en énergie, les humains ont tendance à la surconsommation de glucides et de lipides afin d'atteindre leur apport cible en protéines. Cependant, lorsque le seul régime disponible est riche en protéines, les humains passent en sous-consommation de glucides et de lipides.

Les implications étaient considérables. Dans l'hypothèse d'un nombre invariant de calories brûlées par l'activité, un régime riche en glucides et riche en lipides mènerait tôt ou tard à une prise de poids, tandis qu'un régime riche en protéines conduirait à une perte de poids. Selon les circonstances dans lesquelles se trouve l'individu, l'un ou l'autre de ces résultats pourrait être souhaitable. Mais dans tous les cas, la priorité semblait être de consommer une certaine quantité de protéines : ni trop ni trop peu. Ainsi, les protéines exercent un effet de levier sur tout ce que nous mangeons d'autre.

Si les recherches ultérieures confirmaient cette découverte, cela constituerait une approche complètement nouvelle et potentiellement révolutionnaire de certaines questions cruciales, comme celle de savoir pourquoi l'obésité et les maladies graves qui l'accompagnent s'étaient propagées comme une épidémie sur une grande partie de la planète au cours des dernières décennies.

Jusqu'alors, la plupart des réflexions sur les causes de la récente flambée de l'obésité s'étaient focalisées sur les deux macronutriments qui apportaient des calories en trop dans le régime humain : les glucides et les lipides. Les protéines ne constituaient qu'environ 15 % de notre apport total en calories, et la quantité consommée n'avait presque pas changé depuis des décennies dans le monde (du moins chez les populations ayant un accès stable à la nourriture). Certes, il y a eu de grands changements qualitatifs dans la consommation d'aliments riches en protéines : une demande croissante de viande rouge dans certains pays en développement, une plus forte consommation de volaille dans le régime occidental grâce à l'industrialisation de la production, etc. Cependant, la quantité totale de protéines consommées (tous types de nourriture confondus, animale ou végétale) est restée totalement stable d'une décennie et d'une population à une autre.

Sans surprise, sur la base de toutes ces données, le point de vue le plus répandu parmi les experts en santé publique est que les protéines ne jouent aucun rôle dans l'épidémie d'obésité. Après tout, les calories en trop qui ont élargi le tour de taille de l'humanité viennent des lipides et des glucides. Mais nos travaux sur les sauterelles, et à présent sur les humains, suggéraient une autre explication : c'était précisément à cause de cette constance de l'apport en protéines qu'elles méritaient une attention plus approfondie. En essayant de maintenir son apport cible, notre appétit pour les protéines nous avait-il conduits à consommer trop de calories dans un monde où l'offre alimentaire était de plus en plus dominée par les lipides et les glucides ?

Au cours des années 1961 à 2000, selon la base de données des nutriments disponibles de la FAO (Food and Agriculture Organization, l'Organisation des Nations unies pour l'alimentation et l'agriculture) – ce qui n'est pas un équivalent exact de la consommation mais qui s'en rapproche –, la composition moyenne du régime aux États-Unis a changé de manière significative : il est passé de 14 % à seulement 12,5 % de protéines. Les autres macronutriments, dont les lipides et les glucides, ont naturellement compensé. Compte tenu de ce changement, la seule manière dont les Américains pouvaient continuer à consommer une quantité suffisante de protéines était d'augmenter leur apport calorique total de 13 %, ce qui a engendré un surplus énergétique (calorique) et entraîné une prise de poids. Et c'est globalement ce qui est arrivé, bien que personne n'y ait prêté attention.

Nous avons rédigé les résultats de l'étude du chalet suisse (ils ont été publiés en 2003) et avons commencé à esquisser notre deuxième publication, qui a mis plus de deux ans à paraître. Son titre était : « Obesity: The Protein Leverage Hypothesis » (« Obésité : l'hypothèse du levier protéique »). Les deux ont été accueillies avec inquiétude et réticence par la communauté des chercheurs en nutrition humaine.

En 2005, Steve donna une conférence à l'université de Cambridge, et lors du dîner qui s'ensuivit, une autorité dans ce champ de recherche nous avoua qu'il avait retardé le traitement de notre article sur l'effet de levier des protéines au moment de l'examen par les pairs, avant la publication. Pourquoi avait-il fait une chose pareille ? Il nous a avoué qu'il pensait que nous avions probablement raison, mais que nous devions comprendre combien il était difficile pour des scientifiques comme lui, dans le champ de la nutrition, de se rendre compte qu'ils étaient passés à côté de quelque chose qui semblait maintenant si évident et qu'ils avaient été devancés par un duo d'entomologistes.

Nous lui sommes infiniment reconnaissants de cet aveu. Ce genre de générosité d'esprit est la marque des plus grands scientifiques.

De retour à Oxford après notre année à Berlin, nous nous sentions tous les deux libérés des entraves de la vie universitaire. Bien sûr, au bout de quelques mois, elles étaient de retour ; nous nous sommes donc de nouveau échappés, David pour un poste en Nouvelle-Zélande, et Steve pour une bourse de l'Australian Research Council Federation à l'université de Sydney, une subvention spécialement conçue pour rapatrier des scientifiques australiens ayant passé une grande partie de leur carrière à l'étranger. La bourse était garantie sans entraves, la seule obligation était de construire un programme de recherche nouveau et prometteur. C'était le paradis !

Parmi les premiers projets dans lesquels nous avons souhaité nous lancer à Sydney, il y avait une version plus étoffée de l'expérience du chalet suisse. Cette fois-ci, nous voulions contrôler deux paramètres qui étaient restés incertains dans l'étude précédente. Le premier était la différence d'attractivité entre les régimes expérimentaux. Et si les sujets n'avaient pas aimé le goût de nos menus riches en protéines, et que cela expliquait pourquoi ils avaient mangé moins ces jours-là ? Ou peut-être que ceux qui étaient au régime pauvre en protéines, mais riche en glucides et en lipides avaient tellement aimé leur nourriture qu'ils en avaient mangé plus que nécessaire ? Autrement dit, peut-être que la constance de la consommation de protéines était une pure coïncidence.

Et si la différence de consommation entre la phase de libre choix et la phase de restriction était due à la différence du nombre d'aliments disponibles ? Lors de la phase « buffet à volonté », il y avait deux fois plus de choix que lors de la phase de restriction. Peut-être cela avait-il influencé ce que tout le monde avait mangé ?

Cette fois-ci, nous voulions proposer le même nombre d'aliments dans tous les menus, tout en trouvant une manière de masquer les différents taux de protéines et en faisant en sorte que les menus soient aussi appétissants les uns que les autres. Beaucoup d'enquêtes scientifiques procèdent de cette manière : une fois qu'une chose potentiellement importante est observée, on élabore de nouvelles expériences pour s'assurer qu'elle est bien réelle et qu'il n'y a pas d'explication alternative.

Nous avons recruté une chercheuse en nutrition, Alison Gosby, pour nous aider sur le projet mené à Sydney. Elle a conçu avec talent et au prix de grands efforts vingt et un aliments à partir desquels elle a composé des menus pour le petit déjeuner, le déjeuner, le dîner et les collations. Chaque menu était décliné en trois versions, contenant 10 %, 15 % ou 25 % de protéines, mais toujours le même nombre de calories. Et ces trois versions de chaque aliment étaient aussi appétissantes les unes que les autres – nous l'avions vérifié en les faisant goûter à des sujets expérimentaux.

Alison a ensuite recruté vingt-trois volontaires minces et en bonne santé et les a gardés prisonniers (tels des sauterelles) pendant trois périodes de quatorze jours, divisés en petits groupes dans des logements de type hôtelier au sein du centre de recherches sur le sommeil de l'université. Elle les a autorisés à sortir pour une heure de promenade quotidienne surveillée, afin qu'ils ne puissent pas s'échapper pour acheter des en-cas en cachette. Les sujets croyaient qu'on leur servait à tous le même menu semaine après semaine et on ne leur a pas dit ce que les scientifiques cherchaient à savoir. Nous avions tout contrôlé – l'attractivité, la densité énergétique, la variété et la disponibilité. Toute différence de quantité consommée avait donc de fortes chances d'être due à la teneur en protéines du menu. Nos participants allaient-ils se comporter comme les sujets du chalet suisse et se mettre à ingérer plus de calories dans le cadre d'un régime pauvre en protéines?

C'est exactement ce qu'ils ont fait: ils ont consommé 12 % de calories en plus lors de la semaine au régime pauvre en protéines. Cette augmentation de 12 % du nombre de calories suffit largement à expliquer l'épidémie mondiale d'obésité. Nous avions recréé en microcosme la manière dont le monde se nourrit de nos jours et nous avions obtenu le même résultat alarmant.

Curieusement, la plupart des calories supplémentaires ne provenaient pas du fait que les gens mangeaient des repas plus copieux, mais du grignotage. Nous leur proposions des en-cas sucrés ou salés, mais si vous soupçonnez les sucreries d'être responsables des calories supplémentaires, vous avez tort. L'augmentation est provenue presque exclusivement des en-cas salés – ceux qui avaient un goût *umami*. Pour rappel, l'*umami* est le goût signalant qu'un aliment contient des protéines. Lors du régime riche en glucides et pauvre en protéines, nos sujets avaient l'impression de manger des repas à fort taux de protéines en raison de leur goût, mais c'était en réalité des glucides fortement transformés.

Par la suite, nous avons eu l'occasion de reproduire sous une autre forme l'expérience de Sydney en Jamaïque, grâce à une rencontre avec le professeur Terrence Forrester, de l'université des Indes occidentales, par l'entremise de notre collègue le professeur sir Peter Gluckman, d'Auckland, où David résidait alors.

En 2011, David et sa doctorante Claudia Martinez-Cordero sont partis à Kingston aider Terrence et sa doctorante Claudia Campbell à mettre l'expérience au point. C'était, pour l'essentiel, la même que celle de Sydney, à une différence près: nous avions aussi décidé de vérifier si les humains avaient un apport cible, comme nous l'avions fait pour les sauterelles, les cafards et d'autres créatures, et si c'était le cas, d'évaluer la combinaison de macronutriments en question.

Ensuite, Alison est partie en Jamaïque avec ses menus à protéines camouflées, élaborés avec tant de soin et d'efforts... pour s'apercevoir que les Jamaïcains ne voulaient pas y toucher.

« On ne mange pas ça au petit déjeuner ! » Telle fut leur réaction. « Qu'est-ce qui vous a pris de mélanger tout ça dans le même repas ? »

Ce qui était parfaitement acceptable pour notre population de Sydney était inacceptable dans le cadre de la tradition culinaire jamaïcaine. Alison fut donc obligée de recommencer et d'élaborer de nouveaux repas – mais cela en valait la peine.

Lors des trois premiers jours de l'expérience, les trente-six volontaires avaient la possibilité de choisir librement leur nourriture parmi les trois menus disponibles, lesquels contenaient des aliments à 10 %, 15 % ou 25 % de protéines. Autrement dit, ils pouvaient se composer un régime avec n'importe quel taux de protéines compris entre 10 % et 25 %. Pourtant, tous les sujets ont combiné les aliments des différents menus pour obtenir un régime très proche de 15 % de protéines – ce que consomment la plupart des populations du monde. Lors de la deuxième partie de l'expérience, où chaque sujet était forcé de suivre exclusivement un régime à 10 %, 15 % ou 25 % de protéines, les résultats ont été les mêmes que lors de l'expérience de Sydney : les participants ont consommé plus de nourriture et d'énergie lorsqu'ils étaient au régime pauvre en protéines. Au fil des cinq jours d'expérimentation, ils avaient même commencé à prendre du poids.

Il semblait que nos recherches sur les animaux nous aient potentiellement amenés à résoudre un problème humain de premier ordre, l'un des plus importants qui soient : identifier ce qui avait amené notre espèce à accumuler une quantité de masse graisseuse sans précédent en deux millions d'années d'évolution. Le problème avec la science (mais cela fait aussi sa beauté), c'est que la plupart des découvertes entraînent de nouvelles questions auxquelles il faut répondre. Celle-ci ne faisait pas exception.

LE CHAPITRE 6 EN BREF

1. Les humains, comme les sauterelles, ont pour priorité de consommer une quantité cible de protéines.
2. Dans un monde pauvre en protéines, mais riche en calories, nous consommons trop de glucides et de lipides afin d'atteindre notre cible protéique, ce qui augmente le risque d'obésité.
3. Lorsque notre régime est riche en protéines, nous entrons en sous-consommation de glucides et de lipides afin d'éviter une surconsommation de protéines.
4. C'est pour cela que les régimes riches en protéines peuvent vous aider à perdre du poids.

→ Mais pourquoi notre organisme prend-il le risque de consommer trop peu de calories, tout ça pour éviter une surconsommation de protéines ?

7

Pourquoi limiter les protéines ?

Nous avions sans doute fait une découverte majeure pour percer le mystère de l'obésité chez les humains : il suffirait d'augmenter le taux de protéines de notre régime et nous cesserions de manger au point de devenir obèses, diabétiques, cardiaques ou de développer l'une des pathologies associées. Mais si c'était le cas, pourquoi la nature aurait-elle plafonné notre appétit pour les protéines ? Quelque chose ne collait pas.

On voit bien pourquoi le *manque* de protéines est un problème : comme nous l'avons vu plus tôt, ce nutriment est la principale source d'azote nécessaire pour construire, entretenir et réparer notre organisme, et nous permettre de nous reproduire. Il nous faut une quantité suffisante de protéines pour vivre.

Mais pourquoi éviter à ce point d'en consommer trop – jusqu'au moment où, soumis à un régime trop riche en protéines, nous mangerions moins qu'il ne le faut pour maintenir notre poids normal ? Certes, perdre du poids est l'objectif recherché par de nombreux individus de nos jours, mais cela n'a jamais été souhaitable dans l'histoire de notre espèce, au contraire : tout l'enjeu était de trouver assez à manger pour survivre. Un régime garantissant la perte de poids aurait été suicidaire.

Le message envoyé par nos appétits semble sans équivoque : il vaut mieux consommer moins de calories, quitte à manquer d'énergie, plutôt que d'ingérer trop de protéines. En soi, cela suppose qu'il y a quelque chose de vraiment nocif dans l'excès de protéines. Les systèmes de contrôle physiologique finement ajustés, comme l'appétit pour les protéines, n'apparaissent pas par accident. En effet, lorsque des caractéristiques ne sont pas utiles à la survie et à la reproduction, elles s'étiolent et finissent par disparaître. La maxime *Use it or lose it* (« Ce qui ne sert pas se perd ») s'applique parfaitement à l'évolution.

Il existe aussi des preuves concrètes du fait que les apports en protéines très élevés sont mauvais pour la santé. On en trouve une illustration célèbre dans le phénomène du « jeûne du lapin » (également connu sous le nom de « mal de caribou »).

Il ne s'agit en aucun cas de lapins affamés, mais d'une observation faite par l'expédition arctique Greely de 1881-1884, durant laquelle dix-neuf des vingt-cinq explorateurs en mission scientifique périrent.

Le lapin, comme la plupart des gibiers, est une viande extrêmement pauvre en matière grasse – environ 8 %, comparés aux 28 % de l'agneau et aux 32 % du bœuf et du porc. Le reste est constitué de protéines, les glucides en étant quasiment absents. Si vous deviez ne rien manger d'autre que des lapins, le taux très élevé de protéines par rapport aux lipides et aux glucides provoquerait rapidement une forme rare de malnutrition qu'on a appelée par la suite une « intoxication protéinée ». L'explorateur arctique Vilhjalmur Stefansson, qui en a lui-même été victime, en témoignait ainsi : « Les mangeurs de lapins, s'ils n'ingèrent de matière grasse d'aucune autre source (castor, élan, poisson), ont la diarrhée dans la semaine qui suit, ainsi que des maux de tête, une grande fatigue et un malaise diffus. »

Bien entendu, il n'y avait pas de lapins en abondance (pas plus qu'une quelconque nourriture) lors de cette expédition fatale dans l'Arctique. Selon Stefansson, la mort des membres de l'expédition Greely était due au cannibalisme, auquel ils ont probablement eu recours après avoir épuisé leurs réserves de nourriture (à l'instar des sauterelles mormones). Lorsque les victimes humaines ont été consommées, leur corps contenait aussi peu de graisse que celui d'un lapin. Du moins, c'était la théorie.

Charles Darwin lui-même releva le besoin de consommer une quantité suffisante de lipides et de glucides par rapport aux protéines dans son *Voyage du Beagle*[*] :

> Depuis plusieurs jours je ne mange absolument que de la viande ; ce nouveau régime ne me déplaît pas, mais il me semble que je ne pourrais le supporter qu'à condition de faire un violent exercice. J'ai entendu dire que des malades, en Angleterre, à qui on ordonne une nourriture exclusivement animale, peuvent à peine, même avec l'espoir de la vie, se résoudre à s'y soumettre. Cependant, les gauchos des Pampas ne mangent que du bœuf pendant des mois entiers. Mais j'ai observé qu'ils absorbent une grande proportion de gras, qui est de nature moins animale, et ils détestent tout particulièrement la viande sèche, telle que celle de l'agouti.

---

* Trad. Edmond Barbier, Éditions Reinwald, Paris, 1875.

Mais l'apport cible protéique humain (environ 15 % de l'ensemble des calories) est très loin des 40 à 50 % nécessaires pour rendre quelqu'un malade. La consommation de protéines au-delà de l'apport cible doit donc avoir des effets négatifs plus subtils qu'une diarrhée sévère ou la mort.

Nous savons également que certains animaux ont évolué de telle sorte qu'ils tolèrent non seulement un régime très riche en protéines, mais qu'ils en ont besoin. Cela signifie que, quels que soient les inconvénients d'une forte consommation de protéines, l'évolution peut les surmonter si on lui en laisse le temps. Comme nous l'avons expliqué dans le chapitre 5, nous avons réalisé des expériences sur un ensemble d'espèces prédatrices comprenant les chats, les chiens, des araignées et des scarabées, et nous avons découvert que ces animaux devaient se procurer de 30 à 60 % de leurs calories sous forme de protéines, comparés à nos maigres 15 %. Cela n'est pas surprenant, puisque ces animaux ont évolué pour se nourrir principalement d'autres animaux – qui sont eux-mêmes riches en protéines.

Mais même les prédateurs évitent de manger des protéines au-delà de leur apport optimal si possible, et ils sont mus par une envie irrésistible de matières grasses quand leur régime devient trop riche en protéines. Lorsque les lipides se font rares, les populations de prédateurs peuvent décliner rapidement. Cela s'observe chez les oiseaux marins de l'Atlantique Nord, dont les effectifs ont chuté ces dernières décennies en raison du fort déclin des populations de poissons gras dû à la surpêche. Ces oiseaux sont contraints de se nourrir de proies plus maigres et riches en protéines, lesquelles n'alimentent pas suffisamment les réserves d'énergie nécessaires au vol et à la migration.

La prochaine étape se dessinait très clairement : nous devions trouver un moyen de comprendre les inconvénients de la surconsommation de protéines par rapport aux autres nutriments, puis comparer ces désavantages, quels qu'ils soient, avec ceux de la sous-consommation de protéines. C'est alors que Steve a fait une rencontre par hasard lors d'une soirée…

C'était en 2005. Steve et sa famille venaient de quitter Oxford pour s'installer dans une maison à Sydney. Leurs nouveaux voisins faisaient une fête et les avaient invités. En fin de soirée, Steve s'est retrouvé à discuter avec une nouvelle connaissance, David Le Couteur, qui s'avéra être professeur de gérontologie et clinicien à l'université de Sydney. Lorsqu'il apprit que Steve était biologiste, il lui demanda s'il accepterait de faire une conférence sur la nutrition lors d'un colloque international sur la biologie du vieillissement naturel. Steve accepta, mais il se réveilla le lendemain en se disant : « Qu'est-ce que j'ai fait ? Je ne connais rien à la biologie du vieillissement… »

Steve contacta David en Nouvelle-Zélande, et nous nous mîmes à étudier de près la littérature scientifique. Au fil de nos lectures, nous fûmes de plus en plus intrigués – et perplexes.

Le risque de souffrir d'un ensemble de maladies comprenant l'obésité, le diabète de type 2, les maladies cardio-vasculaires et les AVC, la démence et le cancer, augmente rapidement avec l'âge. Il y a quelque chose dans le processus de vieillissement qui semble nous prédisposer à ces maladies chroniques, qui entraînent chez la plupart des gens de nombreuses années en mauvaise santé avant la mort.

À l'époque, en 2005, la principale théorie du lien entre le régime et la sénescence (le vieillissement biologique) était qu'en réduisant l'apport calorique de 40 % maximum (ce qui correspond à retirer jusqu'à 1 000 kcal par jour chez les humains), l'espérance de vie pourrait être rallongée chez de nombreuses espèces. Il ne s'agissait pas d'éviter l'obésité en mangeant moins, mais plutôt de ralentir directement le processus biologique du vieillissement.

L'étude du lien entre restriction calorique et vieillissement possède une histoire ancienne et pittoresque. Luigi Cornaro (1464-1566) était un riche noble vénitien qui mena une vie d'excès, notamment culinaires, jusqu'au milieu de sa vie, où sa santé se dégrada à tel point qu'il se crut proche de la mort. Sur les conseils de son médecin, il adopta un régime de restriction calorique, ne consommant que quelques centaines de grammes de nourriture par jour. Devenu octogénaire en pleine forme, il écrivit un livre intitulé *De la sobriété et de ses avantages, ou Le Vray Moyen de se conserver dans une santé parfaite jusqu'à l'âge le plus avancé*, dans lequel il attribua sa longévité à la tempérance et au fait de manger le moins possible. On estime qu'il vécut jusqu'à l'âge de 102 ans.

En 1935, Clive McCay et ses collègues de l'université Cornell ont publié un article important sur les rats, intitulé « The Effect of Retarded Growth upon the Length of Life Span and upon the Ultimate Body Size » (« L'effet d'une croissance retardée sur la durée de vie et sur la taille finale »), qui fournit les premières preuves expérimentales convaincantes du fait que la restriction calorique augmente la durée de vie. Les rats sous-alimentés de McCay grandirent plus lentement, mais vécurent plus longtemps que leurs homologues mieux nourris.

Depuis lors, de nombreuses observations ont été faites sur des espèces différentes, des levures aux vers en passant par les mouches et les singes, montrant que la restriction calorique rallonge la durée de vie. Il y a cependant un inconvénient : chez toutes ces espèces, la prolongation de la durée de vie a été associée à une réduction de leur progéniture. Ce compromis observé entre la prolongation de la vie et la reproduction a engendré l'hypothèse selon laquelle investir plus d'énergie dans l'un de ces processus se ferait aux dépens de l'autre : en clair, les organismes consacreraient leurs calories et autres ressources soit à leur longévité, soit à la gestation et à l'élevage des petits. Parmi les autres hypothèses en vogue, l'une avançait que la reproduction aurait des coûts directs, des formes d'usure et de dégâts qui diminuent directement l'espérance de vie. (Une idée que les parents privés de sommeil par leurs enfants en bas âge devraient accepter sans problème.)

Pour beaucoup d'êtres humains vivant à notre époque, l'idée d'avoir moins d'enfants et une vie plus longue a tout du parfait compromis, ce que semblent confirmer le déclin des taux de natalité et l'augmentation de l'espérance de vie dans les pays développés.

Le programme *Biosphere 2*, mené en Arizona, fut une bonne occasion d'étudier la restriction calorique chez les humains. Il s'agissait d'un écosystème clos, une serre contenant une forêt tropicale miniature, un désert, un petit océan, une mangrove, une savane et une petite ferme. Le célèbre expert de la restriction calorique Roy Walford, de l'université de Californie à Los Angeles, fut l'un des huit sujets enfermés dans cette *Biosphere 2* à partir de 1991. Pendant deux années, la quantité de nourriture produite par les «biosphériens» ne pouvait suffire qu'à un régime hypocalorique. Walford rapporta qu'ils avaient perdu du poids et qu'ils avaient subi des changements métaboliques (parmi lesquels une baisse de leur tension artérielle et une meilleure régulation de leur glycémie), tout comme on avait pu l'observer chez les rats en restriction calorique.

Tout cela est très intéressant, mais nous étions perplexes, pour la raison suivante: malgré toutes les recherches publiées sur la restriction calorique, personne n'avait jamais examiné le rôle des trois macronutriments de façon indépendante. Étant donné notre angle de recherche, nous nous sommes demandé si la prolongation de la durée de vie était due au fait de consommer globalement moins de calories ou si c'était la source de ces calories qui comptait. Autrement dit, quel était l'effet des protéines, des lipides et des glucides sur le vieillissement – séparément et en diverses combinaisons?

Steve fit une intervention sciemment provocatrice lors de cette conférence sur le vieillissement ; il remit en question les preuves arguant que la restriction calorique augmentait la durée de vie. Il défendit le point de vue selon lequel il n'y avait pas assez d'éléments pour conclure que la quantité globale de calories était la clé et affirma qu'il se pouvait que la source de ces calories soit plus importante que leur nombre. Il révéla même à son auditoire qu'il y avait des preuves, issues d'expériences sur des rongeurs et des mouches, selon lesquelles la restriction des protéines et de certains acides aminés (tels que la méthionine et les acides aminés ramifiés) aurait peut-être plus d'importance que le nombre de calories ingérées. Il ne s'attendait pas à être réinvité.

Mais les auditeurs de Steve ne se sont pas vexés. Au lieu de cela, ils nous ont encouragés à réexaminer la restriction calorique à travers le prisme de notre géométrie nutritionnelle. En élaborant une stratégie pour démêler les effets des calories de ceux des nutriments, nous avons conclu que la manière la plus simple de mettre au point une expérience aussi vaste serait de recourir à des animaux de petite taille avec des générations courtes – autrement dit, des insectes.

Nous nous sommes tournés vers la mouche du vinaigre, la drosophile, qui est l'insecte-modèle utilisé dans les recherches sur la biologie du vieillissement, et qui est également connue pour son utilisation en génétique et en biologie moléculaire. Les mouches du vinaigre sont étonnamment utiles pour comprendre la santé humaine. Trois quarts des gènes humains qui provoquent des maladies ont un homologue chez ces mouches. Nous partageons aussi les gènes du vieillissement et de la longévité, mais la durée de vie moyenne d'une mouche est si brève que nous pouvions réaliser une expérience allant de la naissance à la mort en quelques mois.

« Bob. » C'est ainsi que Kwang Pum Lee se présenta en 1999, lorsqu'il nous écrivit de Corée pour demander son admission dans notre laboratoire d'Oxford en tant que doctorant. Il nous envoya aussi de magnifiques cartes ornées de papillons peints à la main, preuve qu'il était un entomologiste-né. Au cours de sa thèse, il avait découvert que lorsque les chenilles sont infectées par un virus, leurs préférences alimentaires changent de telle manière qu'elles choisissent un taux plus important de protéines par rapport aux glucides, ce qui est exactement le remède nécessaire pour combattre l'infection virale de manière optimale. Kwang partit ensuite à Lancaster, dans le nord de l'Angleterre, pour travailler avec un collègue, Ken Wilson, afin d'approfondir ce projet de recherche. Il y fit un séjour réussi et productif, mais il finit par avoir du mal à supporter le temps maussade et sauta sur l'occasion de venir travailler à Sydney dans le cadre d'une étude de grande ampleur sur le vieillissement des mouches.

Nous avons conçu une expérience comparable à celle sur les sauterelles, mais dans laquelle plus de mille mouches recevaient chacune un seul aliment expérimental et étaient suivies sur l'ensemble de leur vie d'adulte. Comme les lipides ne constituent qu'une petite partie du budget énergétique des mouches du vinaigre, nous nous sommes concentrés sur les protéines et les glucides, que nous avons combinés en vingt-huit aliments liquides différents. Ils contenaient des taux variables de protéines et de glucides, chacun étant dilué sur une échelle à quatre degrés en ajoutant de l'eau.

L'expérience a représenté un an de travail minutieux. C'est un sacré défi que de gérer un millier de mouches du vinaigre, étant donné qu'elles ne sont pas beaucoup plus grosses que le point qui termine cette phrase.

Nous avons d'abord nourri les asticots avec un aliment de laboratoire standard disposé dans des flacons en verre. Une fois leur développement terminé (ce qui ne prend que quelques jours), les asticots se sont changés en nymphes, puis en adultes. Nous avons placé les femelles fraîchement écloses avec des mâles pendant vingt-quatre heures pour qu'ils s'accouplent, puis elles ont été isolées, chacune dans son propre flacon en verre. Au fond de chaque flacon se trouvait un bout de papier humidifié sur lequel la mouche pouvait pondre ses œufs, et au sommet, il y avait un bouchon traversé par une minuscule pipette en verre (de cinq millionièmes de litre) remplie d'un des vingt-huit aliments expérimentaux. Les mouches ont rapidement appris à se nourrir à la pipette grâce à leur proboscis, la longue trompe spongieuse qui leur sert de bouche.

Tous les jours, lorsque les pipettes étaient rechargées de liquide nutritif, Kwang et une autre postdoctorante avancée de notre labo, Fiona Clissold (qui avait conçu notre technique de nourrissage des mouches à la pipette), mesuraient combien chaque mouche avait bu ce jour-là. Ils pouvaient aussi compter à l'aide d'un microscope combien d'œufs (de minuscules points blancs) avaient été pondus. Au bout de quelques mois au maximum, les mouches mouraient de leur belle mort.

À la fin de l'expérience, nous savions quelle quantité chaque mouche avait mangée au quotidien, combien de jours elle avait vécu, et combien d'œufs elle avait pondus.

Imaginez à présent que vous créez un graphique sur lequel vous représentez l'apport en protéines et en glucides de chaque mouche par un point de consommation (comme nous l'avons vu pour les sauterelles dans le chapitre 3). Vous vous retrouveriez avec, sur votre feuille, un nuage d'un millier de points. Ensuite, vous prendriez un millier d'aiguilles de longueurs différentes, chacune représentant la durée de vie d'une mouche : plus elle aurait vécu longtemps, plus l'aiguille serait longue. Et enfin, vous prendriez chaque aiguille pour la planter sur le point représentant les apports en nutriments de chaque mouche. Vous vous retrouveriez avec une forêt d'un millier d'aiguilles de longueurs différentes, positionnées selon ce que chaque mouche a mangé.

Dans sa globalité, cette forêt d'aiguilles constituerait ce qu'on appelle un « paysage de réponses », qui dessine une sorte de carte en trois dimensions. La forme de ce paysage vous indiquerait à quelle durée de vie des mouches correspond leur régime. Si toutes les aiguilles avaient été de la même longueur, le paysage aurait été parfaitement plat, comme un plateau, ce qui aurait signifié que peu importe ce que mangent les mouches, elles vivent aussi longtemps. Mais si elle ressemblait à une chaîne de montagnes, avec de longues aiguilles représentant des sommets de longévité pour certaines combinaisons de protéines et de glucides, à côté de vallées plongeant vers une autre combinaison de nutriments, nous saurions que le régime des insectes affecte effectivement leur longévité.

Pour rendre les choses un peu plus faciles à visualiser, on pourrait transformer cette forêt d'aiguilles en trois dimensions en une carte en deux dimensions en recourant à la même astuce que les cartographes lorsqu'ils représentent la topographie : on colorerait la tête des épingles selon leur longueur – noir pour les plus longues, gris pour les longueurs intermédiaires et blanc pour les plus courtes –, puis visualiser les vies plus longues sous forme de zones sombres du graphique et les vies courtes sous forme de zones claires.

Non sans une certaine appréhension, nous avons rassemblé nos données sur les mouches et nous avons commencé à représenter les mille points d'apports nutritionnels sur un graphique. Puis nous avons enregistré les données sur la longévité des mouches et le nombre d'œufs qu'elles avaient pondus au cours de leur vie.

L'instant où un graphique apparaît pour la première fois sur l'écran d'un ordinateur est toujours un grand moment d'émotion dans nos recherches. C'est là qu'on risque de s'apercevoir que notre dur labeur (un an de travail !) n'a rien produit de statistiquement significatif. L'ordinateur pourrait tout à fait nous montrer qu'il ne s'est rien produit d'intéressant, ni de concluant. La biologie a cette particularité parfois déprimante : bien souvent, les motifs sont difficiles à percevoir au milieu du bruit. Il était possible que nous ayons posé les mauvaises questions ou que notre hypothèse soit erronée, ou qu'il y ait d'autres problèmes techniques inconnus dans nos procédures expérimentales.

Ce jour-là, nous savions à quoi nous attendre si le point de vue conventionnel des partisans de la restriction calorique était exact : au fur et à mesure que l'apport de nourriture global diminuait, jusqu'à 60 % de la consommation normale, la durée de vie aurait dû s'allonger, quel que soit le rapport protéines-glucides dans le régime.

Nous avons appuyé sur la touche et patienté pendant que l'ordinateur mettait au point les graphiques à surfaces colorées et les tableaux statistiques qui les accompagnaient. Et tout à coup, nous l'avons vu : le motif a surgi du graphique, et la conclusion fut radicale.

La durée de vie n'avait quasiment rien à voir avec le nombre total de calories ingérées, et tout à voir avec le ratio de protéines sur glucides consommés.

Vous trouverez page suivante le graphique qui est apparu ce jour-là à l'écran.

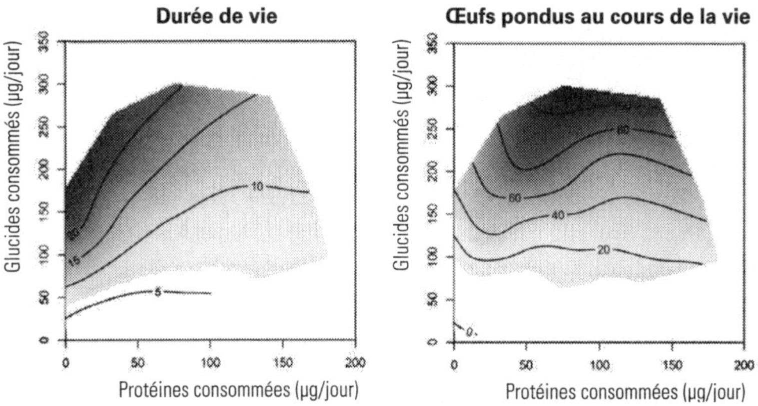

Représentations de la durée de vie (en jours) et du nombre d'œufs pondus au cours de la vie de mouches du vinaigre soumises tout au long de leur existence à un régime parmi vingt-huit présentant des combinaisons différentes de protéines et de glucides.

Voyez comme la surface de la durée de vie est sombre au sommet, au niveau des régimes pauvres en protéines et riches en glucides, et comme elle devient gris pâle pour les régimes riches en protéines et pauvres en glucides. Cela signifie qu'au fur et à mesure que la part de protéines dans le régime augmentait les mouches vivaient de moins en moins longtemps. Et ce sont les mouches qui consommaient un régime riche en protéines et pauvre en glucides qui mouraient le plus vite.

Qu'en était-il de la reproduction? Vous pouvez le constater dans le graphique de droite: le nombre d'œufs pondus a été le plus élevé lorsque les mouches ont consommé plus de protéines qu'il ne leur en aurait fallu pour vivre plus longtemps. Un ratio d'une part de protéines pour seize parts de glucides correspondait à une durée de vie optimale, mais un ratio d'un sur quatre permettait de pondre le maximum d'œufs. Mais même du point de vue de la reproduction, l'excès de protéines était nocif: au-delà d'une part de protéines pour quatre parts de glucides, le nombre d'œufs déclinait.

Le message était clair en ce qui concernait les protéines : si vous en mangez peu, vous vivrez longtemps, mais vous n'aurez pas beaucoup de petits ; si vous en mangez un peu plus, vous aurez beaucoup de petits, mais vous vivrez moins longtemps ; et si vous en mangez encore plus, vous n'aurez ni une longue vie, ni beaucoup de petits. En tout cas, si vous êtes une mouche du vinaigre.

Nos résultats avaient montré de manière convaincante que la durée de vie et la reproduction faisaient l'objet d'un compromis. Il ne s'agissait pas, comme on le croyait jusqu'alors, d'une concurrence pour une quantité limitée d'énergie et de ressources, ni du fait que la reproduction elle-même faisait des dégâts réduisant la durée de vie. La reproduction et la longévité impliquaient simplement des besoins nutritionnels différents. On choisit un régime pour faire beaucoup de petits, et un autre pour vivre longtemps. Un même régime ne permet pas d'atteindre ces deux objectifs à la fois. Eurêka !

Depuis lors, avec nos collègues aux quatre coins du monde, nous avons répliqué les résultats de l'expérience de Kwang sur les mouches du vinaigre, à la fois avec cette même espèce et avec divers insectes (sauterelles, abeilles, fourmis et autres). Des manières astucieuses de maximiser à la fois la longévité et la reproduction ont également été découvertes en jouant sur l'équilibre des acides aminés dans les protéines fournies aux insectes. Mais dans la nature, il est pratiquement certain que les mouches mangent soit de manière à vivre longtemps, soit de manière à pondre beaucoup d'œufs. Elles ne peuvent pas avoir le beurre et l'argent du beurre.

Mais laquelle de ces options une mouche choisit-elle si on la laisse composer son propre régime ? Afin de répondre à cette question, nous avons mené une autre expérience, dans laquelle nous avons forcé des mouches à choisir entre une progéniture plus nombreuse et une vie plus longue. Nous y sommes parvenus en leur permettant d'opter soit pour un régime riche en glucides (pour la longévité), soit riche en protéines (pour pondre beaucoup d'œufs). Voici un indice de ce qu'elles ont fait : le contraire de ce que vous choisiriez probablement (comme nous) dans la même situation. Elles ont sélectionné des ratios de protéines sur glucides favorisant la production d'un maximum d'œufs, pas la vie la plus longue possible.

En termes humains, cela reviendrait à manger de manière à avoir quinze enfants et à mourir à 40 ans – ce qui est à peu près la manière dont nous avons vécu jusqu'à il y a environ deux cents ans de cela, sans oublier que la plupart des enfants seraient morts avant 5 ans. De nos jours, plus personne ne considère que c'est une bonne option.

Mais les mouches du vinaigre (et probablement toutes les espèces à part la nôtre) se soucient davantage du nombre de gènes qu'elles laissent derrière elles que de leur longévité. Or c'est exactement ce que prédit la théorie darwinienne de l'évolution : c'est la perpétuation des gènes qui constitue une existence réussie d'un point de vue biologique.

Lors de sa publication en 2008, notre article sur le vieillissement chez les mouches du vinaigre a fait du bruit. Ceux de nos collègues qui travaillaient sur la restriction calorique, dont nous venions de renverser l'idée principale, n'ont pas tardé à signaler que les mouches n'étaient pas des mammifères, et encore moins des êtres humains. Et, bien sûr, ils avaient raison. Nous ne savions pas si les mammifères répondaient aux calories seules ou, comme les mouches, à l'équilibre des macronutriments. Nous n'avions pas non plus démontré que, chez les mammifères, la surconsommation de protéines avait des effets délétères sur la durée de vie ou sur la reproduction. Lorsque notre manuscrit fut soumis à la critique par les pairs avant publication, l'un des relecteurs anonymes de notre manuscrit eut cette réaction sceptique :

> Pour conclure, ce manuscrit esquisse une nouvelle approche du procédé de recours à la restriction alimentaire chez les espèces à courte durée de vie, mais je suis moins convaincu de sa mise en œuvre pratique chez les rongeurs.

Nous n'avions pas d'autre choix que de relever le défi et de nous lancer dans l'étude de créatures un peu plus proches de nous que la mouche.

LE CHAPITRE 7 EN BREF

1. Pour savoir si la surconsommation de protéines avait des effets délétères, nous avons exploré les effets de la consommation de différentes combinaisons de macronutriments tout au long de la vie chez les mouches du vinaigre.
2. Obtenir la longévité maximale ou une production d'œufs maximale nécessitait deux régimes différents. Les mouches vivaient plus longtemps en suivant un régime contenant peu de protéines et beaucoup de glucides. Les régimes riches en protéines et pauvres en glucides entraînaient quant à eux une mort prématurée. Les mouches produisaient le maximum d'œufs en consommant une alimentation assez riche en protéines et pauvre en glucides, mais sans toutefois faire d'excès de protéines.

→ Qu'en est-il d'animaux plus complexes comme les mammifères ?

8

Cartographier la nutrition

Les insectes nous ont permis de devenir de véritables cartographes de la nutrition. Lors de l'expérience sur les mouches, nous avons créé une carte qui croisait la durée de vie et la reproduction avec la composition du régime. L'expérience sur les mouches ouvrait également une perspective fascinante : serait-il possible d'utiliser notre géométrie nutritionnelle pour cartographier toutes les facettes de la santé ? Autrement dit, de s'en servir pour trouver l'équilibre nutritionnel optimal pour atteindre n'importe quel objectif : perdre du poids, vivre longtemps, maximiser la reproduction, combattre les infections, ou autre ?

Cela serait d'une utilité extraordinaire. Mais pour pouvoir répondre à cette question, nous devions faire ce qui avait semblé infaisable au critique de notre article sur le vieillissement des mouches du vinaigre : réaliser une étude de très grande ampleur sur des animaux beaucoup plus proches des humains.

Galvanisés par notre découverte sur les mouches, nous avons conçu une étude géante sur les souris. Notre ami gérontologue et collègue à Sydney David Le Couteur a rejoint l'équipe de recherche, puis nous avons recruté la jeune biologiste Samantha Solon-Biet, qui se servirait de ce projet pour sa thèse de doctorat. Samantha connaissait parfaitement la géométrie nutritionnelle, ayant fait son mémoire à Sydney avec Steve sur le comportement alimentaire des poissons (qui s'avèrent être, eux aussi, doués d'une sagesse nutritionnelle remarquable).

Nous nous sommes lancé le défi de cartographier l'effet de diverses combinaisons de nutriments sur des souris de laboratoire tout au long de leur vie, à l'aide de vingt-cinq régimes expérimentaux conçus pour se distinguer les uns des autres par leur teneur en macronutriments et en fibres. Contrairement aux mouches, les souris mangent beaucoup de matières grasses (comme nous, les humains), si bien qu'il nous fallait à présent inclure cette variable en plus des protéines et des glucides dans leurs aliments. Cela allait considérablement augmenter l'ampleur et la complexité de l'expérience, ainsi que la difficulté de mesurer toutes les combinaisons alimentaires possibles.

Contrairement aux mouches, qui vivent quelques mois, les souris vivent plusieurs années. Elles sont aussi cent mille fois plus lourdes. Alors que nous pouvions nous contenter de quelques litres d'aliment liquide et de moins d'une année pour mener une expérience sur mille mouches, il allait nous falloir 6 tonnes de nourriture et cinq ans de dur labeur pour achever cette étude sur les souris. Nous aurions aussi besoin d'une équipe complète d'experts capables d'analyser tous les échantillons récoltés et de nous aider à interpréter les résultats – un processus qui continue à ce jour – et d'une subvention d'un million de dollars pour financer tout cela.

Les souris sont des êtres sociables. À partir de 2009, nous avons donc réuni des bébés souris fraîchement sevrés en groupes de trois individus du même sexe. Certes, c'était les condamner à la frustration sexuelle, mais nous ne pouvions pas compliquer les choses en les réunissant en groupes mixtes, au risque d'être vite débordés par une avalanche de souriceaux. Nous avons gardé les souris en cage en leur donnant à manger des granulés d'un seul aliment expérimental via une trémie métallique, jusqu'à ce qu'elles meurent de causes naturelles au bout de plusieurs années ou qu'elles soient euthanasiées en milieu de vie (vers 15 mois). Ainsi, nous étions capables d'évaluer tous les aspects de leur physiologie, puis de récolter et de stocker leurs tissus pour des analyses biochimiques.

Ces jours de «prélèvement» étaient compliqués; il fallait mobiliser toute une chaîne d'experts dont chacun accomplissait une tâche unique. Tout d'abord, chaque souris était euthanasiée. (Il y a pour cela des règles strictes à respecter, définies par le comité d'éthique animale de l'université, qui comprend des citoyens non-spécialistes aux côtés de vétérinaires et d'experts scientifiques.) Puis on leur faisait passer un scanner afin de mesurer leur composition corporelle (la quantité de tissus maigres ou adipeux de chaque individu), et des échantillons de muscles étaient prélevés et destinés à l'analyse afin d'examiner leur fonctionnement mitochondrial*, avant que le reste du corps ne soit envoyé pour prélèvement des organes. Chaque organe ou échantillon de tissu était préparé pour le stockage – soit par congélation éclair dans de l'azote liquide, soit stabilisé dans des produits chimiques pour

* La mitochondrie est un élément du cytoplasme de la cellule animale ou végétale dont le rôle essentiel est d'assurer l'oxydation, la respiration cellulaire, la mise en réserve de l'énergie par la cellule et le stockage de certaines substances (source : Larousse).

pouvoir être soumis plus tard à une analyse biochimique et microscopique. Ces échantillons constituaient une source précieuse de découvertes potentielles, dont certaines ont déjà fait l'objet de publications.

S'en sont ensuivies des milliers d'heures de travail en laboratoire. Nous avons enregistré des motifs d'expression des gènes dans différents tissus, nous avons mesuré précisément des centaines de composants du sang et fait l'inventaire d'une multitude de microbes intestinaux. De surcroît, nous avons relevé des marqueurs immunitaires, ainsi que l'activité de voies biochimiques associées à la perception de nutriments, nous avons quantifié des détails de la composition cellulaire des tissus, et bien plus encore. Puis des centaines d'heures supplémentaires ont été consacrées à recueillir et à analyser les montagnes de données que nous avions produites.

Au final, toutes les souris restantes sont mortes de causes naturelles. L'une d'elles, une sorte de Mathusalem parmi les souris, a vécu plus de quatre ans – deux fois l'espérance de vie habituelle.

Cette expérience a duré cinq ans du début à la fin. Vous pouvez imaginer notre état émotionnel lorsque nous nous sommes à nouveau retrouvés assis devant un écran d'ordinateur à attendre que les graphiques de couleurs et les statistiques révélatrices apparaissent. Une fois de plus, nous avons retenu notre souffle.

Les souris, comme les mouches, allaient-elles atteindre leur durée de vie maximale grâce à un régime pauvre en protéines et riche en glucides ? C'était notre hypothèse, mais les hypothèses sont faites pour être mises à l'épreuve. Mathusalem faisait partie des souris ayant suivi ce genre de régime, mais peut-être était-ce simplement un individu atypique ? Les exceptions font partie de l'ordinaire en biologie ; elles sont la matière première de l'évolution. Mais dans la recherche, donner trop d'importance à des cas particuliers, c'est prendre le risque de passer à côté de vrais motifs cachés parmi les résultats. C'est aussi prendre le risque de trouver ce qu'on cherche – l'équivalent de voir le visage de la Vierge Marie dans les nuages. C'est pour cela qu'on a inventé les statistiques : pour pouvoir reconnaître les motifs sous-jacents – s'il y en a – au milieu du chaos et de la variation.

Le graphique des durées de vie est apparu à l'écran, dans toute sa gloire. Il ressemblait nettement à la réponse des mouches, et les statistiques étaient sans équivoque, comme vous pouvez le voir page suivante.

La zone sombre du graphique indique que les souris suivant un régime pauvre en protéines et riche en glucides ont bel et bien vécu plus longtemps. Ce qui est fascinant, c'est que, comme nous l'avions observé chez les mouches, les protéines n'étaient pas les seules à rentrer en compte ; il fallait combiner un faible taux de protéines avec une grande quantité de glucides pour permettre une longévité maximale. Pour nous, ce serait l'équivalent de manger moins de viande, de poisson et d'œufs, mais davantage de glucides sains comme des légumes et des fruits peu caloriques, des légumineuses et des céréales complètes. Nous avons aussi constaté qu'un régime pauvre en protéines et riche en lipides ne permettait pas la même longévité qu'un régime pauvre en protéines et riche en glucides. Cela reviendrait à réduire notre consommation de viande, poisson, œufs *et glucides* et de consommer plus d'aliments gras comme le beurre, les huiles végétales ou les fritures. Une fois de plus, comme chez les mouches, les souris ayant vécu le moins longtemps étaient celles qui avaient reçu un régime riche en protéines et pauvre en glucides. Voyez-vous la zone où la surface du graphique est la plus pâle ? Une souris moyenne au régime pauvre en glucides ne vit pas longtemps – tout comme une mouche dans la même situation.

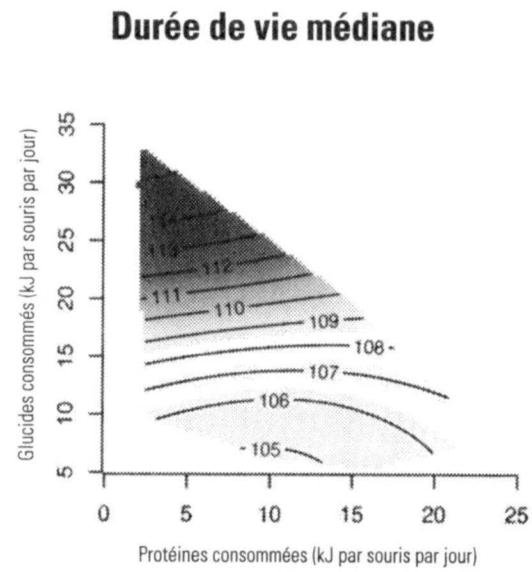

Durée de vie des souris (en semaines) selon la teneur en protéines et en glucides de leur régime. Les lipides n'apparaissent pas ici ; c'est le ratio protéines sur glucides qui avait le plus d'effet.

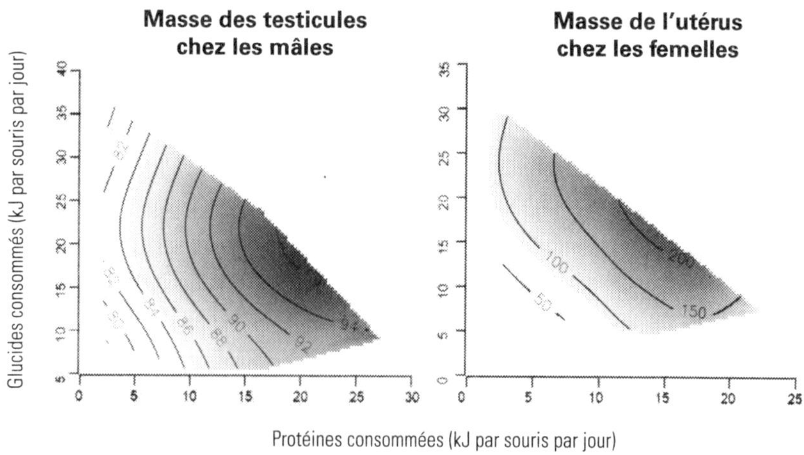

Volume des organes reproducteurs (en mg) chez des souris consommant des régimes contenant différents taux de protéines et de glucides. Les lipides n'apparaissent pas

Qu'en est-il de la reproduction? Sur ce point, un régime riche en protéines était un avantage. Pour qu'une souris mâle développe une grosse paire de testicules (ce qui aide en situation de promiscuité) ou pour qu'une femelle développe un gros utérus (capable d'héberger une grande portée de souriceaux), un régime riche en protéines est nécessaire. Il fallait donc un régime complètement différent pour vivre longtemps et pour être bien équipé pour la reproduction.

Nous avions non seulement reproduit les résultats que nous avions observés chez les mouches, mais l'expérience sur les souris nous offrait un bonus : comme nous avions récolté et analysé pratiquement tout ce qui était récoltable et analysable, nous avions à présent les données nécessaires pour commencer à répondre à la question suivante : pourquoi des animaux soumis à un régime pauvre en protéines et riche en glucides vivent-ils plus longtemps que ceux qui consomment un régime riche en protéines et pauvre en glucides ? Quelles sont précisément les conséquences de la surconsommation de protéines ?

Peut-être avez-vous déjà entendu parler des télomères ? Ils ont récemment connu leur heure de gloire en raison de leur rôle dans la longévité et dans le ralentissement du vieillissement.

Les télomères se trouvent au bout des chromosomes ; ils empêchent ainsi ces éléments essentiels à la réplication des cellules de se défaire au fur et à mesure que nos cellules se divisent. On les a comparés aux petits tubes de plastique (nommé « ferrets », pour ceux que cela intéresse) qui empêchent le bout des lacets de chaussures de s'effilocher, mais ce sont en réalité de petites machines très complexes qui entretiennent le fonctionnement et l'intégrité des chromosomes. Au fur et à mesure que nous vieillissons et que nos cellules épuisées sont remplacées, les télomères raccourcissent, au point que les chromosomes commencent à se défaire, entraînant des erreurs dans la division cellulaire. Avec le temps, l'accumulation de ces erreurs contribue au vieillissement de divers tissus et organes.

En partant du graphique représentant les durées de vie, nous avons pu faire quelques prévisions. Si nous avions raison de penser que les motifs apparus en fonction du régime adopté étaient bien le résultat de différences sous-jacentes dans le vieillissement biologique, nous aurions dû retrouver à peu près la même forme lorsque l'on cartographiait directement la longueur des télomères de ces souris.

Était-ce le cas ? Regardez la taille des télomères dans le graphique page suivante.

Cela vous rappelle quelque chose ? Si vous comparez ce graphique avec celui de la durée de vie (p. 99), vous verrez à quel point ils se ressemblent. Les souris suivant le régime pauvre en protéines et riche en glucides avaient des télomères plus longs et vivaient plus longtemps, contrairement aux souris mises au régime riche en protéines et pauvre en glucides, qui avaient des télomères plus courts et vivaient moins longtemps. Ça tombe bien : voilà qui allait dans le sens du consensus concernant les télomères – plus ils sont longs, mieux c'est – et confirmait notre prévision selon laquelle la combinaison de protéines en petites quantités et de glucides en grande quantité favorise la longévité.

Nous avons poursuivi nos recherches et mesuré l'équilibre des macronutriments en rapport avec d'autres marqueurs du vieillissement tels que le fonctionnement immunitaire, l'activation de voies essentielles de signalisation des nutriments, le fonctionnement mitochondrial et d'autres encore. Tout correspondait. Cela signifiait que nous pouvions utiliser la nutrition pour activer ou désactiver directement les mécanismes de base du vieillissement. C'était potentiellement une découverte de première importance.

Longueur des télomères

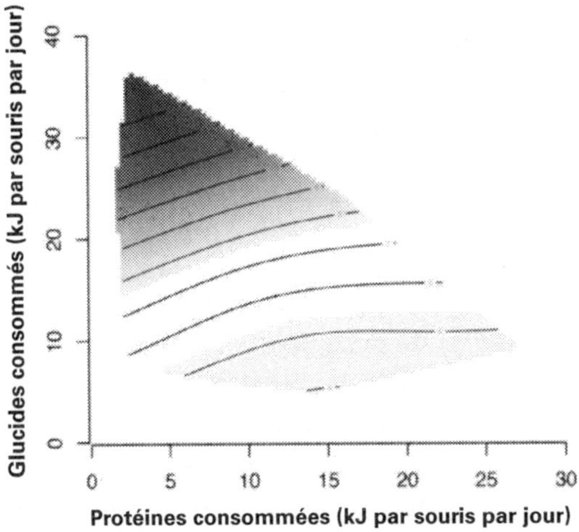

Longueur des télomères (en kilobases) dans des cellules du foie de souris sous des régimes contenant différents taux de protéines et de glucides. Données fournies par le doctorant Rahul Gokarn.

Pour comprendre pourquoi, il faut examiner de plus près ces mécanismes du vieillissement.

Au cœur de notre physiologie (et de celle d'une souris ou d'une mouche, ou même d'une cellule de levure) se trouvent deux voies biologiques opposées. Ensemble, elles orchestrent deux processus vitaux très différents dans l'ensemble du règne animal. Nous appellerons l'un de ces deux réseaux la voie de la longévité – ou, pour faire moins court, le réseau « se mettre au vert en attendant que les choses aillent mieux ». L'autre est la voie de la croissance et de la reproduction – le réseau « profiter des beaux jours et brûler la chandelle par les deux bouts, quelles que soient les conséquences ».

Ce qui importe, c'est que ces deux systèmes s'inhibent l'un

l'autre. Quand l'un des deux est activé, l'autre est désactivé, et vice versa. Quand la nourriture et les nutriments viennent à manquer, la voie de la longévité entre en jeu et le système de croissance et de reproduction est mis en veille. Les systèmes de réparation et d'entretien des cellules et de l'ADN sont activés pour que l'animal reste en forme en attendant que son environnement change et que la nourriture redevienne abondante afin de pouvoir atteindre son objectif évolutif de reproduction. D'ici là, il demeure à l'abri au cours d'une période qui peut se prolonger. Si le monde ne change pas et que les nutriments nécessaires pour déclencher les systèmes de croissance et de reproduction restent rares, l'animal connaîtra une longue vie sans descendance.

Mais lorsque la nourriture est abondante et qu'il y a suffisamment de protéines, la voie de la longévité est mise en veille et celle de la croissance et de la reproduction s'active. Dans ce cas, l'organisme se met à fabriquer de nouveaux tissus, mais en même temps, il fait baisser le niveau d'activité des systèmes qui protègent et réparent l'ADN, les cellules et les tissus qui subissent usure et dommages. Les cellules, moins prudentes, font plus d'erreurs lorsqu'elles assemblent des protéines essentielles, elles accumulent les protéines mal repliées et autres déchets cellulaires, et les anomalies deviennent plus fréquentes au cours de la division des cellules. Ces problèmes sont des conséquences inévitables de la vie et de la croissance : on ne peut pas y échapper davantage que l'on peut se passer de respirer. Par conséquent, le risque de cancer et d'autres maladies augmente, ce qui réduit potentiellement la durée de vie de l'animal. Mais du point de vue de l'évolution, c'est un coût acceptable tant que l'animal peut grandir et se reproduire.

Ce que nous avions découvert pour la première fois lors de notre étude sur les souris, c'est qu'un régime pauvre en protéines et riche en glucides pouvait déclencher le système de la longévité.

Cette découverte nous ramène à la restriction calorique du chapitre précédent. Nous avions montré que, chez les mouches et les souris, si une restriction calorique de 40 % prolongeait la vie, ce n'était pas à cause du nombre de calories consommées : l'équilibre des macronutriments a plus d'importance et il peut s'appliquer sans restriction calorique. Cependant, lors de nos études sur les mouches et les souris, nous donnions aux animaux un accès illimité à la nourriture. Ils pouvaient manger quand ils voulaient, autant qu'ils voulaient, mais seulement l'aliment attribué à chacun d'entre eux. C'était un type d'expérience différent des études de restriction calorique conventionnelles sur les souris, dans lesquelles l'animal reçoit sa ration limitée de nourriture en une seule fois, la consomme rapidement en une ou deux heures, puis attend sans rien pouvoir manger jusqu'au lendemain. Dans ces circonstances, plusieurs groupes de chercheurs, dans plusieurs pays, ont observé que c'est le temps passé sans apport calorique, le jeûne, qui active le système de la longévité.

Il est donc possible d'activer le système de la longévité chez les souris soit en abaissant le ratio protéines/glucides (sans forcément limiter l'apport calorique global), soit par un jeûne forcé, soit en combinant les deux.

Lorsque nous avons continué à analyser les données sur les souris, nous avons constaté que nous pouvions lier le régime non seulement à la biologie du vieillissement, mais aussi à de nombreux paramètres de santé que nous avions mesurés : la tolérance au glucose et le taux d'insuline (indicateurs du diabète de type 2 chez les humains), la pression artérielle, le cholestérol et les marqueurs inflammatoires. Vous remarquerez que ce sont les mêmes marqueurs qui sont mesurés lorsque nous faisons un bilan de santé chez le médecin.

Et une fois de plus, il y avait des corrélations évidentes. Voyez les graphiques page suivante.

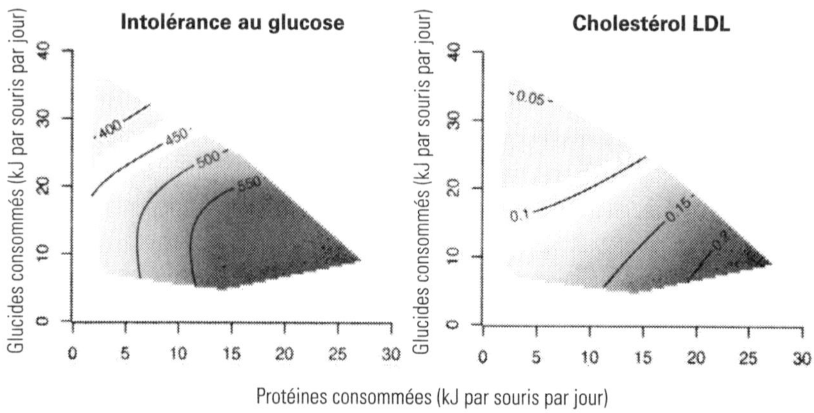

Taux de glycémie et de mauvais cholestérol (mmol/l) dans le sang de souris suivant des régimes contenant différents taux de protéines et de glucides. Dans les deux cas, les valeurs les plus basses (zones claires, associées à des régimes pauvres en protéines et riches en glucides) sont plus saines que les zones sombres (associées à des régimes riches en protéines et pauvres en glucides).

On peut constater, par exemple, que la clairance du glucose a été la plus rapide (ce qui est une bonne chose) et que le taux de cholestérol LDL (celui qui est nocif) a été le plus bas lors des régimes pauvres en protéines et riches en glucides, et on voit que la surface passe au gris foncé (indiquant un moins bon état de santé) au fur et à mesure que le taux de protéines augmente et que l'apport de glucides diminue.

Non seulement les souris qui avaient suivi toute leur vie un régime pauvre en protéines et riche en glucides ont vécu plus longtemps, mais elles avaient les meilleurs marqueurs de vieillissement et de santé à un âge avancé. Nous avions appris là quelque chose qui pouvait avoir des implications formidables pour les humains désirant vivre longtemps et en bonne santé.

Mais il y avait un inconvénient… Peut-être avez-vous deviné lequel ?

Nos souris au régime pauvre en protéines et riche en glucides étaient grasses.

L'explication est simple : en suivant ce régime, elles consommaient au total plus de calories que les souris au régime riche en protéines. C'était l'effet du levier protéique chez les souris, tel que nous l'avions observé depuis le début : lorsqu'on suit un régime riche en lipides ou en glucides, on mange trop afin d'obtenir une quantité suffisante de protéines, avec les conséquences que l'on connaît. Il se trouve que cette réponse est moins présente chez les souris que chez les humains, mais elle reste suffisante pour entraîner l'obésité. Fait important : lorsque nous diluions légèrement les protéines en les mélangeant avec des fibres non digestibles (apport calorique zéro) plutôt qu'avec des lipides ou des glucides riches en énergie, les souris continuaient à manger davantage pour obtenir assez de protéines et elles vivaient plus longtemps, mais elles ne grossissaient pas.

Mais pourquoi notre organisme nous pousse-t-il à manger au point de nous rendre gros ? L'obésité est pourtant mauvaise pour la santé, non ?

Eh bien, oui et non.

Quand nous avons comparé nos souris ayant vécu longtemps en bonne santé, mais avec de l'embonpoint, adeptes d'un régime pauvre en protéines et riche en glucides, avec des souris tout aussi dodues qui avaient consommé un régime pauvre en protéines et riche en lipides, nous avons fait un constat important : ce dernier groupe avait vécu moins longtemps et en assez mauvaise santé. Cela signifiait que nous pouvions provoquer l'apparition de bonne ou de mauvaise graisse en nous contentant de changer le rapport glucides/lipides. Dans les deux cas, les souris étaient en surconsommation de nourriture afin d'obtenir plus de protéines, mais consommer davantage de lipides était plus dommageable que de consommer davantage de glucides (du moins le type de glucides utilisés dans l'expérience – principalement de l'amidon).

La nouvelle question à élucider était donc la suivante : quelle est la différence entre obésité bénigne et morbide ? En travaillant avec notre collègue Andrew Holmes du Centre Charles Perkins, nous avons trouvé des indices dans le côlon des souris. Les souris au régime pauvre en protéines et riche en glucides avaient un microbiote intestinal plus sain que celui des souris au régime pauvre en protéines et riche en lipides. On constatait aussi des différences sur d'autres plans, dont la quantité d'hormones FGF21 produites par le foie, qui était particulièrement élevée dans le sang des souris au régime pauvre en protéines et riche en glucides.

La FGF21 s'avère être un signal important dans le contrôle de l'appétit pour les protéines. Elle favorise un bon métabolisme en améliorant la sensibilité à l'insuline, ce qui signifie que l'on peut se contenter de moins d'insuline pour stimuler l'assimilation de glucose du sang dans les cellules. La FGF21 augmente aussi la dépense énergétique en cas de surconsommation alimentaire. Ces deux facteurs sont importants chez les humains comme chez les souris. Lors d'expériences distinctes, en collaboration avec Chris Morrison du Pennington Institute en Louisiane, nous avons montré que lorsque le taux de FGF21 augmentait, les souris choisissaient spécifiquement des aliments riches en protéines. Cela nous a poussés à réétudier les échantillons de sang des sujets humains de notre expérience de Sydney (décrite dans le chapitre 6), et nous avons constaté qu'eux aussi présentaient des taux élevés de FGF21 correspondant à leurs semaines de régime à 10 % de protéines (taux bas). La recherche avance rapidement sur ce sujet : au moment où nous écrivons, plusieurs autres articles importants qui viennent juste d'être publiés confirment que la FGF21 est l'hormone de l'appétit pour les protéines que l'on cherchait, en plus d'être impliquée dans la désactivation de l'appétit pour les glucides. C'est une grande découverte si cela ne vient pas à être réfuté.

Ainsi, nos souris nous ont appris que l'obésité était un phénomène plus compliqué que nous le pensions. Elles nous ont montré que le simple fait d'être mince n'était pas la garantie d'une longue vie en bonne santé. Au contraire : les souris sveltes et aux formes harmonieuses qui avaient suivi un régime riche en protéines et pauvre en glucides étaient celles qui mouraient le plus tôt. Elles faisaient de très beaux cadavres dans la force de l'âge. C'est parce que le fort taux de protéines par rapport aux glucides représentait aussi exactement la combinaison qui sature le réseau associé à un vieillissement rapide, en désactivant la réparation des cellules et de l'ADN et en favorisant le vieillissement, les cancers et les maladies chroniques.

Ce n'est pas un bon deal – et peut-être pas seulement pour les souris. Après tout, en ce qui concerne le vieillissement et le métabolisme, nous avons la même biologie de base que les souris : les systèmes antagonistes de longévité *versus* croissance et reproduction décrits ci-dessus sont pratiquement identiques, jusqu'au moindre détail biochimique.

Grâce aux souris, nous savions que nous pouvions facilement manipuler les nutriments d'un régime pour obtenir des résultats différents. C'est comme si l'on tournait les boutons d'un panneau de commande : un peu plus de ceci, un peu moins de cela… On peut provoquer l'obésité (avec ou sans l'équivalent du diabète) ou la faire régresser ; on peut prévenir le diabète et maximiser la durée de vie, augmenter la masse musculaire et réduire la masse graisseuse, prévenir ou favoriser le cancer, ralentir ou accélérer le vieillissement, promouvoir ou limiter la reproduction, changer le microbiote intestinal, stimuler le système immunitaire, etc. Nous avions fait tout cela chez les souris en changeant simplement les proportions de protéines, de lipides et de glucides. Et comme les résultats apparaissaient très clairement dans les graphiques, cela nous permettait de recommander des régimes extrêmement précis pour avoir des souris en bonne santé – et, en principe, des humains en bonne santé aussi.

Au fil du temps, nous nous étions fait dans la communauté scientifique la réputation de mener des expériences nutritionnelles de grande envergure – d'abord sur les sauterelles, puis sur les mouches, et désormais sur les souris. Malheureusement, peut-être (mais de manière compréhensible, vous en conviendrez), il est impossible de réaliser une expérience aussi précisément contrôlée, de la vie à la mort, sur des humains. Cependant, armés de nos connaissances fraîchement acquises grâce aux mouches et aux souris, nous nous sommes tournés vers la littérature scientifique sur la nutrition humaine et la longévité pour voir si elle pouvait nous livrer des enseignements utiles. Y avait-il le moindre signe qu'un régime pauvre en protéines et riche en glucides soit associé à une longue vie en bonne santé chez les humains ?

Eh bien oui. Il se trouve que les populations humaines ayant la plus grande longévité suivent exactement ce type de régime, dans les fameuses « zones bleues » rendues célèbres par Dan Buettner dans son livre *Blue Zones : Où vit-on mieux et le plus longtemps ?**. Elles ont aussi en commun des caractéristiques non nutritionnelles comme le maintien d'un tissu social dense et d'une bonne activité physique. Il est néanmoins intéressant de constater que, sur la seule base de nos expériences, l'équilibre macronutritionnel de leurs régimes permet de prédire une prolongation de l'espérance de vie en bonne santé.

L'exemple le plus célèbre de population de zone bleue se trouve sans doute sur l'île japonaise d'Okinawa, où les centenaires sont *cinq fois* plus nombreux que dans le reste du monde développé. Le régime traditionnel d'Okinawa, composé principalement de patates douces, de légumes verts feuillus et de petites quantités de poisson et de viande maigre, ne contient

* Collection « Ça m'intéresse », Éditions Prisma, Paris, 2010.

que 9 % de protéines (soit le taux le plus bas de toutes les populations hors situation de pénurie), 85 % de glucides et seulement 6 % de lipides. C'est exactement le ratio de nos souris ayant vécu le plus longtemps.

L'obésité est quasiment absente chez les habitants d'Okinawa, en partie parce que leur régime contient de grandes quantités de fibres, ce qui est important. Quand la quantité de fibres est suffisante, la capacité des protéines à exercer leur fameux effet de levier, poussant l'individu à la surconsommation calorique, se trouve limitée. Les fibres remplissent l'estomac, ralentissent la digestion et alimentent le microbiote ; tout cela contribue à réduire la sensation de faim. Une grande partie de ces fibres se trouve dans les principales sources de glucides des Okinawaïens : les patates douces et autres fruits et légumes.

Malheureusement, le régime actuel des habitants d'Okinawa s'éloigne de plus en plus de ce qu'il était traditionnellement pour se rapprocher du régime occidental moderne, et l'obésité et le diabète sont en augmentation.

Il existe un autre exemple, découvert récemment, de population en très bonne santé d'un point de vue moderne : les Chimane de Bolivie, qui ont le taux de maladies cardiovasculaires connu le plus bas au monde. Ils mènent une vie traditionnelle de chasseurs-cueilleurs, à laquelle s'ajoute l'horticulture sur brûlis. Leur régime contient 14 % de protéines, 72 % de glucides et seulement 14 % de lipides. Les protéines viennent principalement du gibier et des poissons de rivière. La plupart des glucides proviennent du riz complet, du plantain, de la cassave et du maïs – autant d'aliments végétaux riches en fibres, comme les patates douces des Okinawaïens.

Ces exemples *in vivo* recoupent nos conclusions à la suite d'expériences menées sur les mouches et les souris – ce qui nous amène à un point important. Les expériences sont un outil indispensable pour comprendre comment des régimes particuliers influencent la santé des animaux, y compris de notre espèce. Mais ce n'est qu'une partie de l'histoire. L'autre partie, tout aussi essentielle, est de savoir quels aliments sont réellement accessibles aux animaux dans leur milieu en dehors du laboratoire et comment ils répondent aux régimes que leur offre la nature.

Pour examiner cela, il nous faut laisser nos blouses blanches au labo et partir dans la nature sauvage. C'est seulement à ce moment-là que nous pouvons commencer à comprendre une donnée fondamentale de notre dilemme nutritionnel : quels problèmes de santé nous rencontrons lorsque nous nous éloignons trop de l'environnement alimentaire dans lequel notre biologie a évolué.

LE CHAPITRE 8 EN BREF

1. Nous nous sommes lancés dans une étude à très grande échelle sur les souris afin de tester l'effet de diverses combinaisons de protéines, de glucides, de lipides et de fibres au cours d'un cycle de vie.
2. Comme les mouches, les souris ont vécu plus longtemps et en meilleure santé en milieu et fin de vie grâce à un régime pauvre en protéines et riche en glucides, mais elles avaient le meilleur potentiel reproductif lorsqu'elles suivaient un régime riche en protéines et pauvre en glucides.
3. Les régimes pauvres en protéines prolongeaient la vie en activant le système de longévité qui protège l'ADN, les cellules et les tissus des dégâts inévitables qui surviennent au cours de la croissance et de la reproduction. Ce système de longévité est universel, des levures aux humains.
4. En ajustant les taux de protéines, de lipides, de glucides et de fibres, nous avons pu prévenir ou provoquer l'obésité (avec ou sans résistance à l'insuline), prolonger ou raccourcir la durée de vie, favoriser ou retarder la reproduction, augmenter ou diminuer la masse musculaire, transformer le microbiote intestinal et le système immunitaire, et bien plus encore. Nous avions découvert une nouvelle manière d'élaborer des régimes pour atteindre des objectifs multiples.

9

Les environnements alimentaires

Comme l'a observé le Prix Nobel de physique Leon Lederman : « Lors d'une période intense de travail en laboratoire, le monde extérieur disparaît ; l'obsession est totale. » C'est exactement ce que nous avons ressenti en faisant les recherches décrites jusqu'ici sur les sauterelles, les cafards, les mouches et autres créatures, lesquelles nous ont aidés à découvrir des vérités fondamentales sur l'obésité et la longévité.

Mais il y a une différence importante chez nous, les biologistes. Nous ne devons jamais perdre de vue une partie du monde extérieur : le milieu dans lequel l'espèce étudiée a évolué et dans lequel elle vit en temps normal. Ces environnements sont la clé pour comprendre le *pourquoi* de la biologie que nous observons en laboratoire, son importance pour l'animal, et ce qui risque de se dégrader lorsque les liens immémoriaux entre la biologie et l'environnement sont rompus par l'intervention humaine.

C'est ce genre de questions qui a conduit David dans le désert de l'Arizona en 1989, deux ans avant que nous ne nous retrouvions dans le bureau de Steve pour analyser les données de notre expérience de grande ampleur sur les sauterelles. L'objectif de David était alors d'examiner le comportement d'une espèce particulière d'insectes dans son environnement désertique naturel. Voici son récit.

Il commençait à faire chaud, j'étais en mauvaise posture, et c'était de ma faute. J'avais passé la matinée et plusieurs journées auparavant à traquer une sauterelle. C'était un travail délicat : si je m'approchais trop, je risquais de lui faire peur, mais si je restais trop loin, je pouvais la perdre de vue. J'étais donc complètement absorbé par la tâche – à ce détail près qu'il fallait aussi que je fasse attention aux serpents à sonnette, aux tarentules, aux scorpions et autres menaces tapies dans ce paysage aride.

Cela faisait plusieurs heures, et mon attention commençait à flancher. La chaleur était devenue intense, j'avais les lèvres gercées, et mes narines et ma gorge étaient tapissées de poussière. Je commençais à avoir soif.

Soudain je me suis rendu compte que j'avais laissé mon sac à dos, qui contenait de l'eau et de la nourriture, au pied du buisson sous lequel j'avais trouvé l'animal ce matin-là, peu avant le lever du soleil. Cruel dilemme : si je retournais chercher mon sac, je perdais ma proie, mais si je restais près d'elle, je ne pourrais ni boire ni manger.

Je décidai de rester près de la sauterelle.

Pour comprendre comment je me suis mis dans ce pétrin et pourquoi je n'ai pas opté pour le choix logique de la nourriture et de l'eau, il faut savoir pourquoi Steve et moi formons une si bonne équipe depuis tant d'années. Nous apportons chacun au binôme une combinaison différente de compétences et d'expériences, mais nous avons aussi une manière assez similaire d'envisager la biologie et la nutrition.

Lorsque nous nous sommes rencontrés, nous étions déjà parvenus tous les deux à des conclusions dont nous aurions préféré qu'elles ne soient pas vraies. Bien que tous deux impressionnés par les méthodes et l'équipement scientifiques modernes, nous avions conscience que le monde animal recèle aussi des secrets qui ne peuvent être découverts qu'à l'ancienne, à la dure : en les observant directement et en relevant leur comportement pendant des heures, voire des jours d'affilée.

À ce moment-là, nous venions de vérifier cette dure réalité dans le cas des expériences en laboratoire sur le comportement alimentaire des sauterelles. Lors d'une expérience typique comme celle décrite dans le chapitre 1, il y avait environ quarante sauterelles, chacune dans sa petite boîte en plastique transparente ne contenant que le strict nécessaire : de la nourriture, de l'eau et un perchoir pour se reposer entre les repas. Un minuteur était programmé pour sonner toutes les soixante secondes, indiquant qu'il était temps de noter ce que la première, la deuxième, la troisième – jusqu'à la quarantième – sauterelle faisait, ce qui laissait typiquement une dizaine de secondes à celle ou celui dont c'était le tour de se « reposer » avant le prochain relevé. Le cycle était répété de minute en minute, d'heure en heure, pendant douze heures ou plus, parfois pendant vingt-quatre heures, et ce, durant plusieurs jours. C'est un travail éprouvant, fait de tours de garde interminables interrompus seulement par la gentillesse de conjoints, amis ou collègues qui nous remplaçaient pendant de brèves périodes pour que nous puissions satisfaire nos besoins physiologiques.

Nos résultats ont montré que le comportement alimentaire est d'une régularité saisissante. Les insectes mangent, boivent et se reposent selon un schéma régulier, un peu comme notre cycle quotidien de petit déjeuner, déjeuner et dîner. Les détails précis du schéma dépendent cependant des circonstances, y compris du type de nourriture consommé – et ce, de manière souvent prévisible.

Mais il y avait un problème. Comme beaucoup de collègues ont tôt fait de nous le rappeler, peut-être que la seule chose que ces expériences prouvaient était que, dans un environnement régulé artificiellement, en laboratoire, le comportement des insectes présente une régularité… artificielle. Peut-être les choses se passeraient-elles de manière tout à fait différente dans la nature ? Pour en avoir le cœur net, il nous fallait sortir du labo afin de voir si l'alimentation était aussi régulière dans l'environnement alimentaire naturel complexe au sein duquel les animaux vivaient et avaient évolué.

L'environnement alimentaire est un concept important, qui sera le thème principal des chapitres qui suivent. Il s'agit de l'ensemble des facteurs environnementaux qui influencent la nutrition : la nature, la quantité et la diversité des aliments, ainsi que les facteurs qui modifient la capacité de l'animal à y accéder. Pour les animaux dans leur environnement naturel, ces facteurs peuvent inclure le risque d'être mangés par des prédateurs, la concurrence d'autres animaux et même des facteurs non biologiques comme la température.

Le défi qui se présentait à nous était de trouver une espèce de sauterelle qui puisse être suivie d'assez près dans la nature pour faire un relevé détaillé de son comportement sur de longues périodes sans interruption, comparable à nos expériences herculéennes dans les environnements alimentaires artificiels que nous avions créés en laboratoire. Ce n'était pas chose facile. L'une des difficultés était que les sauterelles sont petites et généralement bien camouflées dans leur environnement botanique : elles ont évolué de manière à ne pas être vues ni *a fortiori* traquées de près par des primates géants faisant plusieurs milliers de fois leur taille. Une autre difficulté était que la réaction des sauterelles à une menace consiste soit à s'immobiliser, soit à s'enfuir en sautant ou en s'envolant. Troisième défi : reconnaître l'individu que l'on suit. Même si nous étions capables de garder notre sujet en vue sans qu'il s'immobilise complètement ou ne fuie, comment l'identifier si, ne serait-ce qu'un moment, nous le perdions de vue en présence d'autres sauterelles ? Nos chances semblaient bien minces.

C'est alors qu'une occasion s'est présentée, qui semblait presque faite sur mesure : nous avons entendu parler d'un insecte nommé *Taeniopoda eques,* ou « sauterelle de l'Ouest », via notre collègue Liz Bernays, professeure à l'université d'Arizona à Tucson. Son nom commun anglais, *horse lubber,* était prometteur – *lubber* signifie « balourd ». Cela présageait un animal plus facile à observer que les petites sauterelles timides et camouflées. Et effectivement, les sauterelles de l'Ouest portent bien leur surnom de « balourdes ». Non seulement elles sont parmi les sauterelles les plus grosses, les plus lentes et les plus audacieuses, mais elles arborent un motif de couleur ostentatoire : des traits jaune vif sur fond noir. De plus, les mâles volent rarement, et les femelles jamais.

Nous avions là un animal qui avait évolué pour être vu, pas pour se cacher, et il avait l'assurance de ceux qui se savent invulnérables – à raison, grâce à un cocktail de substances chimiques qu'il recèle dans son organisme. Sa couleur vive et sa démarche arrogante ont été retenues par la sélection naturelle, car elles envoyaient un message : « Il ne faut pas me chercher » ; cette combinaison est connue sous le nom d'*aposématisme* et on la trouve souvent chez les animaux toxiques. Les sauterelles de l'Ouest ont même un plan B au cas où elles rencontrent un prédateur persistant ou naïf qui ne se laisse pas dissuader. Elles soulèvent leurs ailes pour montrer leur dessous rouge vif : c'est le dernier avertissement avant d'envoyer une giclée de mousse nauséabonde et toxique par leurs spiracles (la rangée de petits orifices sur leur flanc, par lesquels elles peuvent aussi respirer).

J'ai fait mes bagages et je suis parti pour le désert de l'Arizona.

La première fois que je suis allé voir les sauterelles de l'Ouest, je n'ai enregistré aucune donnée : je me suis contenté d'observer, de me familiariser avec mes sujets d'étude et avec les défis que me lancerait le désert. J'ai vite compris que, si ces sauterelles étaient parfaites pour notre projet, elles n'étaient pas tout à fait les sauterelles parfaites dans l'absolu. Il leur manquait en effet une chose : des badges avec leur prénom dessus pour que je ne puisse pas confondre celle que je suivais avec ses congénères.

J'ai surmonté ce problème en exploitant une autre particularité biologique des sauterelles de l'Ouest. Le soir, quand elles avaient fini de manger pour la journée, elles grimpaient environ à hauteur d'épaule dans un buisson et se mettaient en position pour la nuit. Peu après le coucher de soleil, alors que la chaleur du désert accumulée pendant la journée finissait de se dissiper, elles avaient trop froid pour bouger et se fixaient à leur perchoir comme des *magnets* sur un frigo. Je pouvais alors en cueillir une, lui attribuer un code à l'aide d'une peinture de couleur et la remettre à sa place comme si de rien n'était. Invariablement, lorsque je revenais avant le lever du soleil le lendemain, l'animal était exactement là où je l'avais laissé, prêt à être suivi une fois qu'il se serait suffisamment réchauffé au soleil levant pour descendre et se mettre à manger.

Il faut une certaine détermination pour vagabonder dans le désert pendant douze heures sans interruption à la poursuite d'une sauterelle particulière afin de relever et d'enregistrer tous ses mouvements, tout en récoltant des échantillons de chaque plante dont elle se nourrit afin de l'identifier plus tard. De plus, c'était tout ou rien. Il me fallait un relevé par sauterelle de la nourriture consommée en une journée entière, si nous voulions produire l'équivalent de nos expériences de laboratoire. Chaque relevé réussi serait une fenêtre ouverte sur le monde secret des sauterelles sauvages, mais en deçà d'une journée complète d'observation, ce ne serait rien que des heures perdues à éviter les dangers du désert sous une chaleur accablante.

Tout cela devrait vous aider à comprendre pourquoi j'étais resté en plein milieu du désert auprès de la sauterelle – que j'avais baptisée « Deux points rouges » d'après le marquage que j'avais fait sur son dos – plutôt que d'aller chercher ma nourriture et mon eau. J'étais prêt à affronter la faim et la soif pour ne pas la perdre.

En tout, j'avais rassemblé douze journées complètes de relevés de comportement alimentaire – un défi qui m'a obligé à faire des allers-retours entre Oxford et l'Arizona pendant deux années consécutives. Cela en valait la peine. Nous avons ainsi pu faire le lien entre l'ensemble de nos travaux de laboratoire et ce que font les animaux dans leur environnement alimentaire naturel. Nous allons voir de quelle manière.

L'analyse des résultats nous a montré que le comportement alimentaire en milieu naturel, dans l'environnement au sein duquel les sauterelles de l'Ouest ont évolué, était très régulier, tout comme nous l'avions constaté chez les sauterelles confrontées à une alimentation contrôlée en laboratoire. De plus, les détails du comportement alimentaire changeaient en réaction à l'environnement alimentaire, confirmant une fois de plus ce que nous avions observé en laboratoire.

Prenons par exemple le rôle de la lumière du soleil. Au cours de mon observation des sauterelles en milieu naturel, certains jours, le temps était chaud et ensoleillé ; d'autres jours, le temps était couvert. Les beaux jours, vers midi, les sauterelles de l'Ouest grimpaient dans un arbre et se reposaient à l'ombre pendant plusieurs heures en attendant que la température retombe, en général vers 15 heures, puis elles se remettaient à manger, et ce, sans exception. Quand le temps était nuageux, les sauterelles ne se reposaient pas : elles s'alimentaient en continu toute la journée.

Lorsque j'ai examiné en détail la manière dont la lumière du soleil avait influencé le comportement alimentaire des sauterelles de l'Ouest, j'ai remarqué un schéma comportemental : bien que les insectes aient plus de temps pour manger les jours nuageux, car ils n'étaient alors pas obligés de se mettre à l'abri du soleil, le temps passé à manger était le même que les jours ensoleillés. Les heures récupérées les jours plus frais et couverts étaient passées à se déplacer plus loin, en étant plus pointilleux dans leur choix de nourriture et en ayant une alimentation plus diversifiée que les jours ensoleillés.

Qu'est-ce qui pouvait pousser les sauterelles de l'Ouest et d'autres animaux à se montrer sélectifs lorsqu'ils se nourrissaient dans la nature ? À l'époque, beaucoup de scientifiques pensaient qu'il s'agissait principalement d'éviter une overdose des substances toxiques que les plantes produisent pour se protéger des prédateurs. Notre travail en laboratoire suggérait une autre explication probable : les animaux essayaient d'avoir une alimentation leur garantissant des apports nutritionnels équilibrés. Nous n'avons pu tester cette idée que plusieurs années plus tard, non pas sur des insectes… mais sur des singes.

En septembre 2007, j'étais en congé sabbatique et je rendais visite à Steve à Sydney. C'était l'époque où nous analysions les données de l'expérience de Kwang sur les mouches (voir chapitre 7). Une doctorante de l'Australian National University de Canberra, Annika Felton, nous a contactés.

Annika avait passé du temps dans la jungle en Bolivie à faire des recherches pour sa thèse de doctorat. Elle avait récolté des données sur le comportement alimentaire d'une espèce menacée de singes-araignées et elle voulait savoir si nous aimerions l'aider à analyser et interpréter la montagne d'informations sur le comportement alimentaire et la composition chimique des aliments qu'elle avait minutieusement recueillies. Nous avons tout de suite été intéressés. Les primates seraient un groupe idéal pour tester la régulation de la consommation de nutriments dans un environnement naturel.

Nous avions déjà montré par nos études en laboratoire qu'une espèce de primates – la nôtre – régulait effectivement son apport en nutriments, avec une contrainte particulièrement forte au niveau des protéines. Comme nous l'avons expliqué dans le chapitre 6, c'est la biologie à l'œuvre dans le levier protéique, une découverte qui, nous le croyons, pourrait avoir des implications importantes pour la santé humaine. Nous avions envie d'en savoir plus sur les origines et le fonctionnement de cette caractéristique : quels autres primates la possédaient, pourquoi avait-elle évolué, et serait-il possible de mieux protéger les primates grâce à ces découvertes ?

Nous savions aussi que les primates permettent mieux que la plupart des animaux de recueillir le genre de données dont nous avions besoin pour tester la régulation des nutriments dans un système d'alimentation naturel intact. Contrairement à la plupart des animaux sauvages, les primates peuvent apprendre à ignorer un observateur humain s'il n'est pas menaçant. Ce processus, nommé « habituation », permet aux observateurs entraînés de s'approcher de très près de leurs sujets d'étude et d'enregistrer les comportements de manière aussi détaillée que dans nos études d'insectes en laboratoire.

Annika avait fait un travail remarquable. Elle avait suivi des singes individuellement du lever au coucher du soleil en notant tout ce qu'ils mangeaient, comme je l'avais fait pour les sauterelles de l'Ouest dans le désert de l'Arizona. Mais elle avait aussi enregistré la quantité consommée de chaque aliment lors de chaque repas – par exemple, dix petites figues et cinq figues de taille moyenne, mûres, de l'espèce X, plus six petites feuilles et quatre grandes feuilles de l'espèce Y – et elle avait prélevé des échantillons de chaque aliment pour que leur composition chimique soit analysée en laboratoire. Elle avait fait exactement ce qu'il fallait pour tester la régulation des nutriments chez des primates sauvages. Et pourtant, comme nous l'avons appris plus tard, Annika avait connu bien des hauts et des bas avant d'avoir suffisamment de données à partager.

En 2003, Annika et son partenaire, Adam, tous deux passionnément engagés pour la protection des forêts dans le monde, étaient partis en Bolivie en tant que bénévoles avec la Société pour la conservation de la vie sauvage (Wildlife Conservation Society). Lors de leur expédition au cœur du parc national Madidi, dans le bassin du fleuve Amazone, ils ont découvert avec leur équipe une nouvelle espèce de singes. C'est un événement remarquable, dont peu de personnes font l'expérience dans leur vie. Cela dit, si cela devait arriver quelque part, c'était bien à Madidi : cette réserve naturelle fait partie du plus grand domaine protégé du monde, et c'est l'un des plus riches en biodiversité. C'est pourquoi ce qui s'est produit ensuite est d'autant plus remarquable.

L'acte de nommer une espèce qu'on vient de découvrir est une affaire intéressante. Parfois, les scientifiques donnent leur propre nom à l'espèce qu'ils découvrent. Plus souvent, le nom choisi correspond à un trait distinctif de l'animal ou de son habitat. C'est le cas de la mouche domestique, *Musca domestica* : *Musca* indique le groupe de mouches auquel elle appartient, et *domestica*, sa manie d'envahir nos maisons. D'autres espèces sont nommées dans le but de rendre hommage à des personnages célèbres. Par exemple, en 2009, des chercheurs du Western Australian Museum ont nommé seize nouvelles espèces, dont onze ont reçu pour deuxième nom *darwinii*, et une méduse, *Phialella zappai*, a été baptisée en hommage au musicien Frank Zappa. En 2005, des scarabées qui se nourrissent de moisissures visqueuses qui poussent sur des champignons ont été nommés en référence à George W. Bush, Dick Cheney et Donald Rumsfeld. (Les chercheurs étant politiquement conservateurs, c'était censé être un hommage !)

Annika et l'équipe, menée par le docteur Bob Wallace, ont eu une démarche différente. Ils ont décidé de mettre le nom de leur nouvelle espèce aux enchères. Elle a finalement été nommée *Plecturocebus aureipalatii*, où le deuxième nom signifie « palais doré », d'après un casino en ligne du même nom (GoldenPalace.com). Cela tombait bien, étant donné qu'un trait distinctif de ce singe est sa couronne dorée caractéristique. Le casino a donc payé 650 000 dollars pour ce privilège, dont l'intégralité a été consacrée à la protection de l'habitat du singe du palais doré, le parc national Madidi.

Annika s'est prise de passion pour l'étude des primates – et pas parce que ce sont des cousins charismatiques et intelligents des humains, ni parce que monétiser le droit de les nommer peut s'avérer lucratif. Elle voulait comprendre les rôles complexes et importants que jouent les singes dans l'écosystème forestier et la manière dont ils contribuent à entretenir les forêts qui les nourrissent. Vous vous en doutez, ces informations pouvaient s'avérer importantes pour la protection des forêts en question.

Pour son étude, Annika a choisi une colonie de singes-araignées en voie de disparition dans la concession forestière de La Chonta, en Bolivie. La région en question était préservée, mais comme la zone se trouvait dans une concession forestière, elle pouvait être exploitée à tout moment. Il était donc primordial de trouver de quelles espèces d'arbres ces primates dépendaient et pourquoi. Annika savait que c'était la seule façon de garantir une exploitation durable de ces forêts afin de protéger les singes.

Dire que les régions choisies par Annika pour son étude étaient intactes serait un euphémisme. Il n'y avait aucun chemin, aucune piste, aucun camp, sans parler d'une carte de la zone en question. Sa première mission, avec l'aide d'une personne de la région et de trois bénévoles, fut de trouver une troupe de singes. Ensuite, il fallait construire un camp de base et tailler un réseau de sentiers à travers la forêt pour pouvoir se déplacer lors des études.

Quand l'équipe a découvert les singes (une grande colonie d'environ cinquante individus), il n'y a pas eu de comité de bienvenue. Ils avaient rarement vu des humains, voire jamais, et ils n'avaient aucune envie que cela change. Indignés, ils ont lancé des bâtons, secoué les branches de manière agressive et hurlé. Mais l'équipe a persisté et imposé sa présence de manière aussi douce et peu intrusive que possible pendant six mois, aussi près que la troupe le permettait.

Finalement, leur patience a été récompensée. Peu à peu, de jeunes singes ont commencé à descendre des arbres pour examiner ces visiteurs étranges, mais désormais familiers. Le lancer de bâtons, l'agitation de branches et les cris se sont faits plus rares, puis ont cessé. Annika et son équipe pouvaient enfin s'approcher suffisamment des singes pour analyser leurs comportements alimentaires comme s'ils étaient ensemble à table.

Puis le malheur a frappé. Pour commencer, Annika a attrapé la dengue, un redoutable virus transmis par les moustiques, qui provoque, entre autres, des migraines aiguës, des douleurs musculaires et articulaires, une fatigue extrême, des vomissements, des diarrhées, des éruptions cutanées et des saignements de la gencive. La dengue est déjà une épreuve lorsqu'on bénéficie du confort et de la médecine modernes, mais elle est vraiment terrible quand elle vous frappe dans une forêt qui ne figure même pas sur les cartes. Peu après qu'Annika fut guérie, la nature frappa à nouveau. Un énorme orage s'abattit sur la jungle et détruisit le camp, y compris les précieux réservoirs d'eau de l'équipe. Ils furent obligés de repartir à zéro, en ajoutant cette fois-ci un barrage pour remplacer les réservoirs d'eau perdus.

Encore marqués par la dengue et l'orage, ils subirent une troisième catastrophe : un incendie de forêt particulièrement destructeur. Comme elle n'avait aucune envie de devoir encore reconstruire le camp, Annika tint bon et débroussailla le plus vite possible tous les buissons inflammables autour du camp avant qu'ils ne prennent feu. En temps normal, ç'aurait déjà été un défi. Mais de surcroît, depuis quelque temps, Annika souffrait de migraines, dont elle supposait que c'était un symptôme persistant de la dengue ou un effet des heures passées à lever la tête pour observer les singes dans les arbres. Elle commença aussi à avoir des nausées – sûrement à cause des épaisses volutes de fumée qui étouffaient le camp. Finalement, elle craqua et appela à l'aide avec sa radio. Les secours arrivèrent juste à temps : alors que le véhicule parvenait cahin-caha sur la route grossièrement dégagée, les flammes léchaient la carrosserie des deux côtés.

Bien qu'elle n'ait pas du tout eu l'air d'un coup de chance sur le moment, cette troisième crise rappelle étonnamment la remarque de la poétesse victorienne Elizabeth Barrett Browning selon laquelle « la chance de la troisième aventure est proverbiale » (en d'autres termes, on a toujours plus de chance la troisième fois). L'équipe se rendit dans la grande ville la plus proche, Santa Cruz, pour se remettre de l'événement pendant que la forêt était ravagée par les flammes. D'habitude, après avoir passé un long moment dans un environnement hostile comme la jungle bolivienne, on éprouve une excitation presque enfantine à revenir à la civilisation – voir de nouvelles têtes, manger des nourritures différentes et savourer le confort que nous tenons habituellement pour acquis, comme l'accès à l'électricité et à l'eau courante.

Cela ne fut pas le cas d'Annika. Ses migraines persistaient et sa nausée ne passait pas, tant et si bien qu'elle décida de consulter un médecin. Ce qu'elle apprit la rendit éternellement reconnaissante envers cet incendie qui l'avait chassée de la jungle et ramenée dans le giron de la médecine moderne. Son IRM révéla une tumeur de la taille d'une noix qui poussait tel un parasite mortel au cœur de son cerveau. Trois jours plus tard, elle était de retour en Australie et se préparait à être opérée. Elle fut soignée avec succès et reprit sa carrière de chercheuse.

Entre son arrivée sur le site de recherche et l'exode pour échapper aux flammes, quinze mois s'étaient écoulés. Pendant ce temps, elle avait non seulement subi une série d'épreuves, mais également réussi à récupérer trente-huit journées complètes de données sur l'alimentation des singes. Lorsque nous nous sommes réunis en 2007 à Sydney pour examiner les données, nous n'avions aucune idée des épreuves qu'elle avait subies pour les recueillir, mais nous en avons immédiatement perçu la valeur.

Pour comprendre les résultats d'Annika, il nous faut considérer ce que mangent les singes. Leur régime est composé de plusieurs types d'aliments, tous issus d'espèces variées, dont des fruits mûrs, des fruits verts, des fleurs, des feuilles jeunes ou matures. Parmi toutes ces denrées, ils aiment particulièrement un type de figues mûres.

Annika s'est naturellement demandé pourquoi ils aimaient tant ces figues ; elle a donc étudié de près leur composition. L'une des explications possibles était qu'elles contenaient une forte concentration d'un nutriment qui manquait dans l'environnement alimentaire des singes, tout comme nous l'avions observé chez les sauterelles mormones qui s'entre-dévoraient pour s'alimenter en précieuses protéines. Cependant, dans le cas de ces primates, il était peu probable que les protéines soient le nutriment rare qu'ils recherchaient, car il y avait des protéines partout dans la forêt où ils vivaient : les jeunes feuilles en regorgeaient, et ce n'est pas ce qui manque dans une forêt tropicale. Il semblait plus vraisemblable que la passion des singes pour les figues soit due à la présence de lipides et de glucides. Pourtant, ces figues n'étaient pas particulièrement riches en lipides ni en glucides, comparées à d'autres fruits qui excitaient moins les singes.

Puis Annika remarqua quelque chose d'intéressant : lors des nombreuses journées où les figues tant convoitées étaient introuvables, les singes consommaient un tas d'aliments différents, dont aucun ne présentait à lui seul la même composition que les figues ; mais cumulés, ils arrivaient toujours presque exactement à la même combinaison de protéines, lipides et glucides trouvée dans leur fruit préféré.

La conclusion semblait inévitable : si les singes aimaient ces figues-là, c'était parce qu'elles contenaient la combinaison parfaite de macronutriments. Quand les figues n'étaient pas disponibles, les singes savaient d'une manière ou d'une autre quelle combinaison d'autres aliments manger pour se composer un régime équilibré. Cette étude, comme de nombreuses études ultérieures sur d'autres primates, ne laisse aucun doute sur le fait que l'équilibrage des nutriments ne se limite pas aux études en laboratoire ; les primates font la même chose dans la nature. La découverte d'Annika pouvait aussi avoir une portée pratique de première importance. Le figuier en question, *Ficus boliviana*, est très prisé non seulement des singes, mais aussi de l'industrie forestière. Cette nouvelle information pouvait aider les autorités boliviennes à prendre conscience de l'importance de sauvegarder ces arbres.

Il restait encore un élément à examiner dans les données d'Annika, et c'était la question qui nous passionnait le plus : comment les singes réagissent-ils quand ils n'ont accès ni à leurs figues préférées, ni à une combinaison d'autres aliments leur permettant de composer un régime correspondant à leur équilibre nutritionnel? Dans des circonstances équivalentes, nous savions déjà que des êtres humains mangeraient jusqu'à ce qu'ils atteignent leur quota de protéines, et que cela les obligerait à consommer trop de lipides et de glucides – dans le cas d'un régime pauvre en protéines – ou à ne pas en consommer assez, dans le cas d'un régime riche en protéines (voir chapitre 6). En serait-il de même pour des singes dans leur environnement naturel?

Le résultat fut sans ambiguïté: les singes-araignées faisaient exactement ce que nous avions observé en laboratoire chez d'autres espèces, dont les humains. Ils s'assuraient un apport constant en protéines en faisant varier leur apport en lipides et en glucides selon la composition du régime à leur disposition. C'était une découverte enthousiasmante. Nous avions là le premier exemple de primate non humain présentant le même comportement de régulation nutritionnelle que notre espèce: la priorisation des protéines.

C'était une avancée majeure d'avoir démontré pour la première fois un comportement de régulation nutritionnelle semblable à celui des êtres humains chez un animal dans son environnement naturel. Mais cela ne signifiait pas nécessairement que la capacité d'équilibrer son régime de cette manière était partagée par tous les primates, ni par quelques-uns d'entre eux, ni par aucune autre espèce.

C'est le bon moment pour évoquer les forêts de l'Ouganda, où je me suis retrouvé avec mon amie et collègue Jessica Rothman, experte en écologie nutritionnelle des primates, pour examiner des données sur les gorilles des montagnes. Pendant quatre mois de l'année, les gorilles ont à la fois accès à des fruits riches en glucides et à des feuilles riches en protéines, ce qui leur permet d'atteindre leur quota idéal de 19 % de protéines. Lors des huit mois restants, les fruits sont extrêmement rares, et ils sont contraints à un régime entièrement composé de feuilles, qui atteint les 31 % de protéines – soit plus que pratiquement tous les autres herbivores, et autant que ce que consomment les chiens (voir chapitre 5).

Si ces gorilles étaient comme les humains et les singes-araignées, au cours de ces huit mois sans fruits, ils auraient continué à consommer leur quota de protéines et, par conséquent, beaucoup moins de lipides et de glucides qu'au cours des mois fruitiers.

Et pourtant, ce n'était pas le cas. Ils ingurgitaient une quantité excessive de protéines pour maintenir leur consommation de lipides et glucides riches en énergie. C'était un résultat fascinant. Nous savions à présent que plusieurs espèces de primates avaient des réactions différentes aux changements d'équilibre nutritionnel dans la nature : les singes-araignées se comportaient comme les humains, mais pas les gorilles.

Pourquoi les gorilles sont-ils si différents sur ce plan ? Nos études de laboratoire sur les insectes et autres animaux suggèrent une réponse. Nous avions remarqué que les seules espèces qui réagissaient comme les gorilles étaient toutes des prédateurs. Ce que les gorilles ont en commun avec les prédateurs, c'est qu'ils ont un régime riche en protéines. Les prédateurs mangent de la viande, et pendant huit mois de l'année, les gorilles des montagnes mangent des feuilles si riches en protéines que leur régime contient deux fois le pourcentage de protéines typique chez les humains (31 % au lieu de 15 %) et trois fois celui des singes-araignées (environ 10 %).

Avec des régimes aussi riches en protéines, les prédateurs et les gorilles font face au même défi : se procurer assez de lipides et de glucides pour répondre à leurs besoins énergétiques. Ne pas y parvenir peut entraîner de sérieux problèmes, dont un déclin de la population, comme nous l'avons vu dans le chapitre 7. Pas étonnant, donc, que les deux groupes régulent leurs apports en macronutriments comme ils le font, avec pour priorité d'atteindre leur quota de lipides et de glucides même si cela implique une surconsommation de protéines.

Une leçon importante se dégageait de la comparaison des humains, des singes-araignées et des gorilles : les appétits peuvent évoluer dans des directions différentes, même au sein d'un groupe d'animaux (en l'occurrence, les primates) selon leur environnement alimentaire. En 2012, l'occasion d'ajouter une pièce supplémentaire au puzzle – et bien plus encore – s'est présentée quand Jessica et moi avons été invités à présenter nos articles de recherches à la conférence de l'American Association of Physical Anthropologists, à Portland, dans l'Oregon.

Si j'avais hâte de faire ce long voyage à Portland depuis la Nouvelle-Zélande, où j'étais installé, c'était notamment parce que Jessica et moi nous étions organisés pour que je rencontre son amie et collègue Erin Vogel. Nous avions prévu de discuter d'une éventuelle collaboration sur un projet visant à comprendre la sélection des nutriments chez les animaux qu'étudiait Erin : les orangs-outans sauvages de Bornéo.

Erin avait déjà recueilli de grandes quantités de données issues de milliers d'heures d'observations auprès d'un groupe de près de cinquante orangs-outans, sur plusieurs années, et la collecte de données continuait tous les jours. Voilà peut-être l'occasion rêvée de mieux comprendre le rôle des protéines dans des environnements alimentaires naturels.

Bornéo ne fut pas une partie de plaisir. L'équipe quittait le camp vers 4 heures du matin pour s'enfoncer dans la forêt obscure. Par endroits, le terrain était si marécageux qu'on ne pouvait se déplacer correctement que sur une passerelle de fortune. Peu après notre arrivée, nous avons vu un cobra royal de belle taille se déplacer sur notre passerelle en direction de la forêt, et un autre jour, l'équipe de recherche est tombée nez à nez avec une panthère nébuleuse sur cette même passerelle.

La plupart du temps, nous savions exactement où nous allions en suivant le faisceau étroit de nos lampes frontales. L'orang-outan que nous pistions habituellement avait aussi été suivi la veille, et quand il s'arrêtait de manger pour se faire un nid pour la nuit, nous marquions l'emplacement exact à l'aide d'un GPS.

Le lendemain matin, nous arrivions au nid alors qu'il faisait encore nuit, comme nous l'avions fait quand nous étudiions les sauterelles de l'Ouest en Arizona. En veillant à ne pas réveiller le grand singe endormi dans l'arbre au-dessus de nous, nous attachions alors des hamacs au-dessus du sol marécageux, entre des arbres bien choisis, et nous attendions, allongés et silencieux dans la pénombre jusqu'à ce que l'orang-outan se réveille. Ce furent des instants précieux, où nous entendions la forêt se réveiller exactement comme elle l'avait fait pendant des centaines de milliers d'années, tandis que les cimes noires des arbres passaient peu à peu au gris, et enfin au vert, souvent sous une pluie légère.

Lorsque nous entendions des mouvements dans les arbres au-dessus de nous, typiquement accompagnés d'un déluge de gouttes secouées des feuilles humides, nous savions que c'était le moment de nous mettre au travail pour la journée. Mais nous ne pouvions jamais savoir ce qui allait se passer. Parfois, il ne se passait rien pendant un long moment : l'orang-outan ne mangeait pas et ne se déplaçait pas. D'autres fois, le grand singe se nourrissait et il nous fallait alors mobiliser toute notre attention pour noter ce qu'il faisait. Puis, à un moment, il décidait de se déplacer, généralement en quête d'une autre source de nourriture.

Il nous fallait alors agir vite. Nous devions replier rapidement nos hamacs, refaire nos sacs et suivre l'animal. Les orangs-outans sont des experts du déplacement dans la canopée. Ils n'ont aucun respect pour les passerelles, ni les sentiers ; les suivre au sol était donc ardu.

Un jour, j'étais sur le terrain avec Shauhin Alavi, un doctorant dont Erin dirigeait la thèse. Quand il n'était pas en train de poursuivre des grands singes dans les forêts marécageuses,

Shauhin faisait des compétitions de kick-boxing. Il était donc en excellente condition physique, et pourtant, nous avons rencontré un orang-outan qui nous a mis tous les deux à rude épreuve.

C'était une matinée de travail comme les autres. L'orang-outan que nous suivions, Juni, s'était réveillée, avait pris son petit déjeuner, puis avait traîné, s'était déplacée un peu, avait grignoté à nouveau, et s'était encore déplacée, sans jamais aller bien loin. Ce manège avait duré plusieurs heures. Au bout d'un moment, à force d'attendre, j'ai fini par avoir faim ; j'ai donc sorti mon repas. Alors que je me mettais à manger, l'orang-outan est partie en ayant l'air d'avoir un but bien précis. Après avoir remballé nos repas et nos hamacs en toute hâte, nous l'avons suivie, et nous nous sommes arrêtés un peu plus tard sous l'arbre dans lequel Juni s'était installée. Juste au moment où nous pensions être de nouveau entrés dans une longue phase d'attente et que j'avais ressorti mon repas, elle est repartie. Ce schéma frustrant s'est répété plusieurs fois. Et puis les choses ont encore empiré.

Vers 14 h 30, elle est repartie, et cette fois-ci, elle ne s'est pas arrêtée. Nous avions déjà dépassé notre passerelle et nous nous retrouvions entraînés en dehors des sentiers, à travers les marécages, par-dessus des arbres couchés et à travers d'épais taillis pleins de feuilles coupantes et d'épines. À plusieurs reprises, je me suis enfoncé dans la boue jusqu'au genou et j'ai été obligé de retirer mon pied de ma botte pour me dégager avant d'extirper la botte du marécage.

Plus de deux heures plus tard, Juni a fini par s'arrêter pour s'activer autour d'un endroit précis. Les mains tailladées, les bras égratignés, les chaussettes couvertes de boue, je sentais à présent la pluie s'infiltrer sous mon imperméable et me tremper la peau. Au moins, il était temps à présent pour elle de se poser et de faire son nid pour la nuit, ce qui nous permettait de rentrer au camp, de vérifier que nous n'avions pas de sangsues, de nous sécher, de dîner et de nous préparer pour la prochaine journée dans la forêt.

Du moins, c'était ce que nous espérions. Juni a continué à tergiverser : elle semblait être sur le point de construire un nid, en commençait un, puis l'abandonnait pour en commencer un autre ailleurs. Quand elle a fini par s'installer pour de bon, la forêt était presque aussi sombre que lorsque nous y étions entrés – ce qui nous semblait être plusieurs jours auparavant. C'était comme si elle avait voulu nous montrer une dernière fois à quel point il était difficile de traquer un orang-outan dans la forêt marécageuse de Bornéo. Nous avons bien compris la leçon.

Mais au final, tout cela en valait la peine. Quand nous avons converti nos observations en données sur les apports de nutriments et que nous les avons examinées sous forme de tracé géométrique, ce qui aurait pu ressembler à un comportement alimentaire aléatoire – tantôt des feuilles, tantôt des fruits, tantôt sur place, tantôt en déplacement – est devenu parfaitement cohérent, surtout en combinant ces informations avec l'ensemble plus vaste de données qu'Erin avait recueillies pendant plusieurs années en observant des dizaines d'orangs-outans.

Quelles que soient nos observations un jour donné (quantité de feuilles et de fruits consommés, déplacements des orangs-outans), une chose restait toujours identique : ils mangeaient tous les jours la même quantité de protéines. Ce qui changeait beaucoup d'un jour, d'une semaine, d'un mois ou d'une année à l'autre, c'était la quantité de lipides et de glucides consommés. Mais même ces variations présentaient une certaine homogénéité : quand le régime était riche en fruits et contenait donc un faible taux de protéines, l'apport en lipides et en glucides était élevé ; et quand le régime était pauvre en fruits, mais riche en feuilles, l'apport en lipides et en glucides était faible.

Nous observions chez un grand singe le même comportement centré sur les protéines que celui des humains, dont nous soupçonnions qu'il expliquait l'épidémie d'obésité. Les orangs-outans pourraient-ils nous aider à mieux comprendre notre propre nutrition ? Pour le savoir, il nous fallait déterminer si l'apport en lipides et en glucides des orangs-outans pouvait être mis en rapport avec le phénomène de l'obésité. Le stockaient-ils sous forme de graisse ou l'éliminaient-ils directement ? Et s'ils le stockaient, pourquoi ?

Comme vous vous en rendez sûrement compte à présent, la recherche – surtout en pleine nature – est pleine de défis. Peser des orangs-outans ou évaluer leur masse graisseuse sans les déranger en fait partie. Et pourtant, les primatologues ont une manière très astucieuse de le faire. La voici.

L'observateur s'équipe d'un instrument d'observation scientifique qui, contrairement à la plupart, n'a pas été inventé par des ingénieurs, mais par les biologistes de terrain eux-mêmes. Cet instrument consiste en une longue tige fourchue avec un sac en plastique propre attaché entre les deux petites branches à son extrémité. Au cours de l'observation, l'animal interrompt parfois ses activités, s'immobilise et lâche un torrent d'urine dorée depuis son perchoir dans l'arbre. Il faut savoir réagir rapidement tout en restant prudent. Mais avec l'expérience, on finit par arriver à recueillir dans le sac un échantillon d'urine fraîche qui n'a rien touché d'autre que l'air pur après avoir quitté le corps de l'animal. Immédiatement transvasée dans de petits récipients stériles en plastique, l'urine est ensuite analysée au laboratoire, à la recherche de substances chimiques clés qui se trouvent en différentes concentrations selon l'état physiologique de l'animal.

L'une de ces substances, nommée « peptide-C », est un marqueur de l'ouverture des cellules à l'absorption de glucose du sang et à son stockage sous forme de graisse. En médecine, ce marqueur est utilisé pour évaluer le fonctionnement des cellules du pancréas, qui fabrique l'insuline, l'hormone qui pousse les cellules graisseuses à absorber le glucose qui se trouve dans le sang. Un deuxième groupe de substances chimiques, nommées «cétones», signale le contraire: elles fournissent un indicateur de la quantité de graisse tirée du stock pour être brûlée comme source d'énergie. Chez les humains, la quantité de cétones augmente en période de famine et au cours des régimes amaigrissants si pauvres en glucides que l'organisme se met à brûler ses graisses.

Ce que ces informateurs chimiques nous apprennent est fascinant. Lorsque les fruits sont abondants et fournissent un régime riche en énergie, que le niveau de peptide-C est élevé et le taux de cétones dans les urines est bas, les orangs-outans stockent cette abondance de glucides sous forme de graisse. Les cétones, en revanche, atteignent des niveaux élevés lorsque les fruits sont rares et que le régime est composé de feuilles riches en protéines – ce qui signifie que lors de ces périodes, ils tirent leur énergie de leur stock de graisse. Cela montre comment chez les orangs-outans, comme chez les humains, les variations d'apport énergétique ont un impact sur le taux de graisse corporelle.

Ce schéma est tout à fait cohérent avec l'écologie des orangs-outans. Dans les forêts de Bornéo, la disponibilité des fruits est aléatoire. Selon les périodes, ils sont tantôt rares, tantôt en surabondance. La stratégie des orangs-outans pour gérer cette incertitude consiste à se jeter sur les lipides et les glucides quand ils sont disponibles, et à puiser dans leurs propres graisses quand ils sont rares. Et toute l'année, ils sont sûrs de satisfaire leur besoin de protéines grâce aux feuilles, toujours abondantes, qu'ils consomment.

Des sauterelles de l'Ouest du désert de l'Arizona aux singes-araignées, en passant par les gorilles et les orangs-outans, nous avions relevé les défis de l'étude du comportement alimentaire en milieu naturel et nous en avions été largement récompensés. Cela nous avait appris, tout d'abord, que les types de régulation des nutriments que nous avions constatés dans des conditions de laboratoire simples et très régulières jouaient aussi un rôle crucial dans le comportement alimentaire en milieu naturel.

Cela nous avait également montré qu'afin de comprendre la nutrition il nous fallait savoir comment les appétits interagissaient avec les environnements alimentaires dans lesquels les animaux évoluaient. Les températures élevées en milieu de journée réduisaient la diversité des aliments consommés par les sauterelles, mais pas leur quantité ; les gorilles des montagnes vivant dans des forêts dans lesquelles les fruits sont rares entrent en surconsommation de protéines afin d'obtenir assez d'énergie sous forme de lipides et de glucides ; et les singes-araignées et les orangs-outans s'assurent un apport constant en protéines en laissant la quantité de lipides et de glucides fluctuer selon la disponibilité des fruits – tout comme nous.

Comment ces découvertes nous aident-elles à comprendre et à améliorer la nutrition chez notre propre espèce ? C'est la question à laquelle nous allons essayer de répondre dans les trois prochains chapitres.

LE CHAPITRE 9 EN BREF

1. Le terme *environnement alimentaire* désigne les facteurs environnementaux qui influencent le régime et la nutrition – le type et la quantité d'aliments disponibles, et les facteurs qui modifient la consommation de ces aliments par l'animal.
2. Il est important d'étudier les animaux dans leur environnement alimentaire naturel pour comprendre quel rôle les caractéristiques que nous observons en laboratoire (par exemple, un fort appétit de protéines) jouent dans leur vie normale.
3. Dans leur environnement alimentaire naturel, nos cousins primates sauvages choisissent des combinaisons d'aliments qui constituent un régime équilibré. Lorsque des fluctuations naturelles de la disponibilité des aliments les empêchent de le faire, ils disposent de réponses qui ont évolué spécifiquement pour faire face au déséquilibre nutritionnel.
4. Les orangs-outans sont adaptés aux variations naturelles de la disponibilité des fruits riches en glucides et en lipides dans leur habitat forestier. Quelle que soit la disponibilité des fruits, leur puissant appétit pour les protéines garantit qu'ils ne se procurent ni trop ni trop peu de ce nutriment. Quand les fruits sont abondants, ils en consomment de grandes quantités et stockent l'énergie sous forme de graisse afin de pouvoir s'en servir quand les fruits sont rares.

→ Mais que se passe-t-il lorsque l'environnement naturel auquel un animal est adapté change en permanence ?

10

La transformation de nos environnements alimentaires

Nous étions au mois de septembre 2018, et c'était une journée de travail inhabituelle, même pour un biologiste de terrain. Exalté, euphorique après avoir fourni de grands efforts physiques, je contemplais avec émerveillement un paysage immense et immaculé. L'air était vif, l'oxygène rare, et la lumière, d'une teinte argentée qui semblait presque artificielle, était entrecoupée de fins rayons de soleil dorés.

J'avais passé quatre jours à traverser à pied l'Himalaya du côté du Bhoutan et les deux dernières heures à gravir un chemin rocheux escarpé dans un brouillard glacial, parfois sous la pluie ou le grésil. Chaque pas était calculé afin de ne pas épuiser trop vite le peu d'oxygène que mes poumons parvenaient à extraire dans l'air raréfié de ces hautes altitudes. La seule vue qui s'offrait à moi était la partie visible du chemin détrempé devant mes pieds, le flanc de la montagne à ma droite et le début du précipice à ma gauche – le tout entouré d'une brume épaisse. Les sons étaient étouffés, à l'exception du rythme de ma respiration profonde et du craquement du schiste sous mes chaussures de randonnée. De temps en temps, tout cela me semblait s'effacer devant l'anticipation fébrile du moment où j'atteindrais le sommet.

Mais je redoutais aussi ce que je risquais d'y trouver. À plusieurs reprises lors des jours précédents, j'avais levé les yeux pour observer les cascades de brume qui déferlaient sur les cols. Le brouillard était poussé par des vents puissants, capables de coucher la pluie, le grésil et les gens à l'horizontale. Je voyais parfois des tempêtes de neige arrachée aux sommets trancher l'air comme des faux sous l'impulsion de ces vents féroces. Entre le manque de visibilité et la longue distance à parcourir avant la tombée de la nuit, je ne pouvais jamais chasser complètement de mon esprit l'idée que, dans de telles conditions, les choses pourraient rapidement mal tourner.

Mais cela ne fut pas le cas. Quand la pente faiblit, puis que j'arrivai sur du plat et que le sentier commença à descendre pour la première fois depuis des heures, le grésil s'arrêta. Comme si cela avait été écrit, le brouillard s'ouvrit, laissant paraître une guirlande de drapeaux de prières ternis et usés qui voletaient doucement dans le vent devant les montagnes immenses. Mes deux collègues bhoutanais Lhendup Tharchen et Sonam Dorje et moi étions ravis. Ils étaient à la fois fins connaisseurs des montagnes, passionnés de photo et naturalistes expérimentés, et ils m'expliquèrent qu'on avait rarement une vue aussi dégagée depuis ces cols redoutables. Notre timing était impeccable.

David s'était rendu au Bhoutan pour une raison simple. Les chapitres précédents ont démontré que l'environnement alimentaire n'explique qu'en partie le comportement alimentaire d'un animal. L'autre explication se trouve du côté des appétits spécialisés et des mécanismes qui ont évolué pour faire face à un environnement alimentaire précis. Se pourrait-il que l'épidémie d'obésité soit alors l'effet d'un changement de notre environnement alimentaire trop rapide pour que nous puissions nous y adapter? Si c'est le cas, l'étude d'autres espèces pourrait nous aider à expliquer pourquoi nous sommes si nombreux à avoir adopté une alimentation à ce point mauvaise pour notre santé.

Afin de tester cette hypothèse, il nous fallait tout d'abord comprendre comment l'environnement alimentaire des populations humaines avait changé.

Debout sur la montagne, j'observai tranquillement le paysage. Devant moi, 100 m plus bas, la crête cédait la place à un plateau vallonné à la végétation flétrie par le froid de l'automne – étendue de rouille à l'exception d'un lac turquoise en forme de cœur qui n'allait pas tarder à geler. Derrière, au-delà d'un bras étroit de la vallée au-dessus de laquelle nous avions grimpé, se trouvaient de vastes pentes d'éboulis aux reflets argentés par l'humidité, sous une crête rocheuse. Ailleurs, des pics enneigés émergeaient dans le ciel à présent dégagé, comme les dents d'un monstre mythologique.

Je n'avais jamais vu un endroit pareil, et pourtant, d'une certaine manière, il n'était pas très différent du désert de l'Arizona, des forêts tropicales de l'Ouganda, des forêts marécageuses de Bornéo, ni de bien d'autres paysages naturels dans lesquels j'avais travaillé. C'était un environnement alimentaire comme les autres, et nous y étions pour identifier les difficultés auxquelles était confronté un primate d'un genre particulier qui vivait là : l'être humain.

Pour comprendre d'où viennent ces difficultés, il faut remonter des millions d'années en arrière, jusqu'à une époque antérieure à l'espèce humaine, lorsque tous les primates ressemblaient aux singes, gorilles, orangs-outans et autres espèces non humaines étudiées de nos jours par les primatologues.

S'il y a une chose qu'il est impossible d'ignorer quand on étudie les régimes de ces espèces, c'est à quel point ils se ressemblent. Bien que les singes-araignées, les gorilles et les orangs-outans ne régulent pas leurs apports en nutriments de la même manière (les singes et les orangs-outans donnent la priorité aux protéines, mais pas les gorilles), le régime de base des trois espèces est le même. Il se compose essentiellement de fruits riches en glucides et en lipides et de feuilles riches en protéines ; ne varient que les proportions, ainsi que la répartition de la consommation dans l'année ou sur plusieurs années.

Cela suggère que le régime de ces primates n'a pratiquement pas changé depuis des millions d'années. Le dernier ancêtre commun aux singes-araignées, gorilles et orangs-outans, qui vivait il y a environ quarante millions d'années, avait probablement à peu près le même régime que celui qu'ont ces espèces aujourd'hui, et c'est le cas de la plupart des ancêtres plus récents des espèces que nous étudions de nos jours.

Cela veut-il dire que les primates ne s'adaptent pas ? Qu'ils sont incapables de changer de régime ? Non, et de nombreuses exceptions le prouvent. Les primates qui ont quitté les tropiques et colonisé des environnements dans lesquels les fruits sont rares, comme les forêts tempérées d'Asie, ont bel et bien réussi à changer de régime. Ils mangent encore des feuilles comme leurs cousins tropicaux, mais au lieu des fruits, ils se sont rabattus sur des graines riches en glucides comme les glands. Beaucoup de primates consomment aussi des protéines animales, notamment des insectes. Mais la plupart du temps, cela ne représente qu'une part très modérée, voire infime, de leur régime – non qu'ils n'aiment pas cela, mais, comparés aux végétaux, les insectes sont beaucoup plus difficiles à récolter en quantité suffisante pour satisfaire les besoins en protéines d'un primate. Toutefois, il existe des exceptions : certains petits primates avec des besoins en protéines réduits parviennent à trouver assez d'insectes pour combler leurs besoins.

Parfois, des primates ont changé de régime non pas sur de longues périodes d'évolution – comme lors du passage des forêts tropicales aux forêts tempérées ou à l'occasion de changements de gabarit –, mais de manière très rapide. C'est le cas des babouins de la réserve nationale du Masai Mara, qui sont passés de leur régime habituel... à la consommation des restes de cuisine d'un centre touristique. On pourrait également citer les singes verts de l'île de Saint-Christophe, dans les Petites Antilles. Ces singes ne sont pas endémiques ; ils ont été introduits sur l'île dans les années 1600, dans le cadre du commerce d'esclaves. Certains singes se sont échappés dans la nature et ont rapidement découvert l'abondance de mangues juteuses dans ce paradis tropical. Peu après cela, ils ont eu un coup de chance encore plus extraordinaire en s'apercevant que les bambous qui poussaient sur l'île étaient remplis de sucre. Enfin, ils ont fait preuve d'une adaptabilité encore plus étonnante. Nul ne sait exactement comment c'est arrivé, mais ils ont pris goût au produit dérivé de la canne à sucre de Saint-Christophe : le rhum.

Cela ne fait donc aucun doute : les primates sont capables de s'acclimater rapidement à un nouvel environnement alimentaire. Mais alors pourquoi sont-ils si nombreux à avoir si peu changé de régime pendant des millions d'années ? La raison est simple : c'est leur environnement alimentaire qui a très peu évolué ou qui a évolué très lentement au cours de périodes extrêmement longues.

L'idée de vivre dans les mêmes circonstances d'année en année peut nous sembler ennuyeuse, voire pénible – et le progrès, alors ? Mais cette stabilité a aussi du bon. Elle permet à la physiologie des primates de s'adapter très finement à leur environnement – comme lorsque les orangs-outans se sont habitués aux longues périodes sans fruits. L'inconvénient, c'est que lorsque le changement arrive, la physiologie convenant à l'environnement existant jusque-là risque de ne pas suivre. Ainsi, lorsque le centre touristique a ouvert près de leur territoire, les babouins du Masai Mara sont devenus gros, car ils mangeaient comme les humains. Soudain, ils ont été victimes de diabète et de plusieurs autres pathologies, comme des taux élevés de cholestérol. Quant aux singes verts de Saint-Christophe, ils sont devenus alcooliques et enclins à voler les boissons des touristes quand ils ont le dos tourné.

Voilà qui nous amène à l'espèce humaine. Il y a environ trois millions d'années est apparu un primate assez différent de tous ceux qui l'avaient précédé – la première espèce humaine, ou plus précisément le premier membre du genre *Homo*. Nous avons peu de détails, mais ce qui semble certain, c'est que le changement climatique et son impact sur l'environnement de nos ancêtres en Afrique ont joué un rôle prépondérant. Le temps est devenu plus froid, plus sec et plus variable. Ces bouleversements ont affecté l'habitat de nos ancêtres lointains à la fois directement et indirectement via leurs effets sur d'autres espèces et leur alimentation. Le climat a été le moteur de changements dans l'environnement alimentaire, et l'évolution des animaux présents dans cet environnement a suivi.

Au départ, le changement rapide de l'environnement a fait des ravages. Plusieurs espèces humaines ont évolué ; nous ignorons exactement combien. Mais ce que nous savons, c'est que presque toutes ces espèces – toutes sauf une – ont disparu. La vitesse du changement climatique a dépassé leur capacité d'adaptation.

La lignée qui a survécu en a réchappé, car elle est parvenue à s'adapter en maîtrisant une technique remarquable. Les humains se sont en effet aperçus que la meilleure manière d'affronter un environnement en rapide évolution était de le transformer encore plus rapidement. Ils ont appris, pour ainsi dire, à combattre le feu par le feu.

Voilà qui pourrait même être une vérité littérale. Il est difficile de savoir exactement ce que nos ancêtres avaient de différent, et ce n'était probablement pas une seule caractéristique, mais un ensemble de transformations en relation les unes avec les autres. Les anthropologues s'accordent pourtant à dire que deux facteurs ont joué un rôle clé: la maîtrise du feu et la fabrication d'outils en pierre.

L'espèce humaine n'a pas le monopole des outils en pierre, d'autres primates en utilisent aussi. Les sajous barbus du Brésil se servent de pierres pour casser des noix. Ils le font d'une manière très élaborée, en plaçant la noix sur une enclume de pierre et en la frappant à l'aide d'un caillou soigneusement choisi, en forme de marteau. Mais aucune autre espèce qu'*Homo sapiens* n'utilise le feu.

Les outils de pierre comme le feu étaient avant tout des technologies dont le but était de contrôler l'environnement alimentaire. En collaboration avec Patricia Izar, de l'université de São Paulo, j'essaie de comprendre pourquoi les sajous barbus se donnent tant de peine pour casser des noix. Nous nous apercevons que leurs efforts sont largement récompensés, car ces noix sont des aliments riches et équilibrés. Les premiers humains, eux aussi, utilisaient principalement les outils pour se nourrir – autrement dit, pour chasser et préparer la nourriture.

Richard Wrangham, de l'université de Harvard, a fait des recherches qui démontrent le rôle essentiel de la cuisson dans l'amélioration du régime des premiers humains. Dans son « hypothèse de la cuisson », Wrangham soutient que la maîtrise du feu a été *le* changement fondamental qui a permis à nos ancêtres de devenir humains. Le feu a changé notre régime à tout jamais et créé un nouvel environnement alimentaire, auquel notre biologie s'est ensuite adaptée.

Même si l'on ignore la cause précise, une chose est sûre : la combinaison du feu et des outils a permis aux humains de modifier leur alimentation comme aucune autre espèce ne l'a jamais fait dans l'histoire du vivant. À l'origine, ce changement a été positif. Nos ancêtres se sont servis de leur ingéniosité pour façonner un environnement qui fut, du point de vue de la nutrition, le vrai jardin d'Éden.

Ou peut-être devrions-nous parler d'*environnements* au pluriel, car à cette époque (le paléolithique), les populations humaines avaient des régimes riches et variés composés de légumes, de tubercules et de fruits pleins de fibres, et de viande maigre de gibier contenant peu d'acides gras saturés et beaucoup d'acides gras polyinsaturés, bons pour la santé. On estime que certains groupes de chasseurs-cueilleurs avaient un régime riche en protéines. La plupart des études suggèrent que ces derniers obtenaient 70 % de leurs calories sous forme de lipides et de glucides, et donc environ 30 % sous forme de protéines. Par comparaison, dans un régime moderne typique, les lipides et les glucides apportent 85 % des calories ou davantage, et les protéines la moitié de ce que ces populations consommaient à l'ère paléolithique. Selon de nouvelles études, d'autres populations de chasseurs-cueilleurs avaient des régimes moins riches en protéines et plus riches en glucides. Mais au-delà de la diversité des taux de protéines et de glucides, les régimes de nos ancêtres préagricoles avaient une chose en commun : ils étaient composés d'aliments complets, riches en micronutriments et en fibres.

Des squelettes datant de cette période montrent que les gens étaient grands, minces, musclés, en bonne santé, et que les carences étaient rares. Il faut néanmoins se garder d'idéaliser cette époque et d'essayer d'en reproduire le mode de vie. L'espérance de vie moyenne était courte, principalement à cause de la mortalité maternelle, des blessures et des maladies infectieuses. On trouve aussi des signes de mort violente : crânes défoncés par des objets contondants, gorges tranchées (le côté obscur de l'utilisation des outils). Dans un monde pareil, où peu avaient la chance d'atteindre un âge avancé, la réduction de l'espérance de vie par un régime très riche en protéines avait moins d'importance qu'aujourd'hui. Et comme nous le verrons plus loin, nous ne sommes plus tout à fait la même espèce qu'à cette époque – certains de nos besoins nutritionnels ont changé.

Bien que personne ne sache vraiment pourquoi, il y a environ douze mille ans, dans une région proche de ce qui allait devenir la frontière entre l'Iran et l'Irak, l'environnement alimentaire humain a été modifié de nouveau. Au départ, ceux qui subissaient ce changement n'ont peut-être même pas remarqué qu'il se passait quelque chose d'important. La végétation qui entourait le campement n'a probablement évolué qu'un tout petit peu au fil des mois, des années, ou même des générations. Tombées par accident des plantes récoltées pour être consommées, des graines ont germé autour du campement en nombre croissant, tandis que d'autres plantes moins prisées se sont faites plus rares. On a réduit la consommation de plantes qu'on allait autrefois cueillir plus loin. Ces changements se sont accumulés, et ainsi, en quelques générations, quelque chose s'est produit qui allait encore transformer l'environnement alimentaire humain de manière spectaculaire et irréversible.

Les êtres humains se sont mis à planter délibérément des graines de plantes comestibles et à arracher les plantes indésirables. Peu à peu, leur régime a de moins en moins dépendu de la cueillette, et de plus en plus de la culture. Puis le même phénomène s'est produit avec les animaux : au lieu de chasser du gibier, les humains ont domestiqué et élevé des troupeaux, qui se sont adaptés à ce nouveau mode de vie. Avec la domestication des plantes et des animaux, notre espèce est passée d'une vie de chasseurs-cueilleurs à une vie fondée sur l'agriculture.

Ce changement s'est répandu rapidement, tout d'abord à travers le Moyen-Orient – notamment ce qui allait devenir la Syrie, la Jordanie, Israël, la Palestine et le sud-est de la Turquie – puis à travers l'Europe. Au fil des siècles, le même genre de mutation a eu lieu de manière indépendante en Afrique, en Asie, en Papouasie-Nouvelle-Guinée, en Australie et aux Amériques. L'agriculture a été inventée plusieurs fois, de manière indépendante, par plusieurs peuples aux quatre coins du monde.

En tant que mode de vie, l'agriculture a clairement fait un tabac. Pourtant, on pourrait se demander pourquoi. Ce qui est certain, c'est que son apparition a entraîné un accroissement des populations (principalement en raison d'une augmentation du taux de natalité), et que ces dernières sont devenues plus sédentaires que leurs ancêtres chasseurs-cueilleurs. Mais contre toute attente, la vie quotidienne ne s'est pas améliorée pour la plupart des individus ; elle s'est même dégradée par bien des aspects.

Bien qu'elles se distinguent les unes des autres par certains détails, les premières sociétés agricoles se sont généralement reposées sur un nombre réduit d'aliments de base – principalement des céréales riches en glucides et pauvres en macronutriments. La diversité alimentaire a diminué : les calories provenaient désormais davantage de ces céréales et moins de la faune et de la flore sauvages. Les gens sont devenus plus petits, et de nombreux squelettes de cette période présentent des signes de carences alimentaires et autres pathologies liées au régime telles que les caries. On trouve aussi des cas de maladies dégénératives des articulations, ce qui suggère que les premiers agriculteurs menaient une existence difficile qui usait leur corps.

En même temps, les fortes densités de population et la proximité des animaux domestiqués et des nuisibles comme les rats ont augmenté le risque d'épidémies telles que la tuberculose, la syphilis et la peste. De plus, le fait de dépendre d'un nombre réduit de plantes et d'animaux domestiqués a rendu les populations agricoles plus vulnérables aux famines. Le risque de mourir de faim n'était jamais très loin.

Mais avec le temps, la vie dans les sociétés d'agriculteurs s'est améliorée. Les progrès de l'organisation sociale, des technologies, et la diversification des espèces cultivées ou élevées qui permettait, entre autres, une production accrue de produits animaux, tout cela a réduit le risque de famine et rendu l'alimentation plus saine. Le nouvel environnement alimentaire a atteint un nouveau stade de maturité, et les humains comme les plantes et les animaux avec lesquels ils coexistaient s'y sont adaptés.

Cela s'est fait de deux manières. D'une part, les innovations culturelles ont permis d'adapter les pratiques alimentaires et les techniques de préparation de la nourriture à l'environnement alimentaire agricole. Parmi de nombreux exemples, on peut citer le développement de l'élevage laitier. Le lait contient un sucre particulier, le lactose, qui ne se trouve nulle part ailleurs dans la nature. Le lactose ne peut pas être directement absorbé via la paroi intestinale ; les jeunes mammifères doivent d'abord le digérer à l'aide d'une enzyme nommée *lactase* pour le réduire en sucres plus simples qui peuvent être absorbés. Cependant, les mammifères ne produisent normalement de lactase que lorsqu'ils sont nourrissons, ce qui implique qu'ils ne peuvent plus boire de lait après ce stade, à moins de risquer divers désagréments tels que la diarrhée, les ballonnements et les flatulences.

Les premiers éleveurs laitiers ont découvert plusieurs moyens de surmonter ce problème. L'un est d'utiliser des bactéries pour faire fermenter le lactose, le transformant ainsi en acide lactique, qui peut être absorbé via la paroi intestinale et utilisé par l'organisme. Le bénéfice est évident : la fermentation du lait a ainsi fourni une riche source de nutriments d'origine animale qui pouvaient être obtenus sans abattre l'animal en question. Aujourd'hui encore, une grande partie des produits laitiers que nous consommons ont ainsi été prédigérés par des bactéries : c'est le cas des yaourts, des fromages et en partie de la crème fraîche.

La fermentation bactérienne et les autres techniques nouvelles ne sont pas les seuls mécanismes par lesquels les premiers éleveurs ont pu profiter de cette source de nutriments si riche. Certaines populations humaines ont acquis, par un processus darwinien de sélection naturelle, la capacité de produire de la lactase au-delà de la petite enfance, et ainsi de pouvoir digérer le lait directement. C'est arrivé au moins deux fois de manière indépendante : une fois dans une région correspondant à la Hongrie d'aujourd'hui et une fois en Afrique. Bien que le résultat de ces deux événements évolutifs soit le même (contrairement aux autres mammifères, ces humains peuvent digérer le lait toute leur vie), ce sont des mutations différentes qui se sont produites chez ces deux populations.

Ceci n'est pas le seul exemple de mutations génétiques qui ont permis aux humains et à d'autres espèces de s'adapter à un environnement alimentaire agricole. Nous avons déjà mentionné un autre exemple dans le chapitre 5 : la duplication des gènes qui produisent les enzymes facilitant la digestion de l'amidon. C'est cette duplication qui a permis aux chiens de mieux digérer les restes des repas humains. Les cochons et certains rongeurs (les rats et les souris), qui eux aussi consomment les restes de l'alimentation humaine, portent également cette duplication des gènes.

Ces évolutions culturelles et génétiques et d'autres encore ont donc permis aux humains de s'adapter à leurs nouveaux environnements agricoles, comme ils l'avaient fait auparavant avec leurs environnements de chasseurs-cueilleurs paléolithiques. L'humanité vivait, une fois de plus, dans un jardin d'Éden – cette fois-ci de sa propre création.

Puis à nouveau, le monde s'est mis à changer. Et c'est ce qui nous a amenés, Lhendup, Sonam et moi, sur ce col de haute montagne en Himalaya.

Si nous étions là, au Bhoutan, c'était pour étudier le mode de vie du peuple Lingzhi, également connu sous l'appellation de *Lagongsum gi mi*, «le peuple des hautes terres». Les Lingzhi font partie d'un groupe plus vaste d'éleveurs semi-nomades dont le mode de vie peut être retracé depuis l'ère des chasseurs-cueilleurs jusqu'aux succès de l'agriculture, en passant par toutes les transformations de l'environnement alimentaire.

Il y a environ trente mille ans, les chasseurs-cueilleurs ont commencé à investir une vaste région de haute altitude en Asie centrale : le plateau tibétain. S'étendant sur près de 40 000 km^2 à une altitude moyenne de plus de 4 km, c'est à la fois le plus grand et le plus haut plateau du monde – c'est pourquoi on l'appelle parfois «le toit du monde». Dans ce nouvel habitat qu'ils venaient d'adopter, les humains ont rencontré de grands troupeaux de yaks sauvages armés de cornes redoutables, recouverts d'une fourrure épaisse qui traînait presque par terre et arborant une queue touffue. Aujourd'hui, ces animaux inspireraient la plus grande prudence à quiconque les rencontrerait ; après tout, les mâles mesuraient près de 4 m de long, avec une hauteur d'environ 2 m à l'encolure, et pesaient près de 900 kg. Mais à cette époque, ils constituaient une aubaine sans précédent. L'art rupestre de la région contient des scènes spectaculaires de chasseurs souvent à deux doigts d'être piétinés ou encornés. Et l'on trouve aujourd'hui les descendants de ces yaks sauvages sur le plateau tibétain.

Mais au fil du temps, certains yaks ou groupes de yaks

sont devenus un peu moins farouches que les autres et se sont rapprochés des tribus humaines davantage que leurs congénères sauvages. Peut-être ont-ils été capturés à l'état de veaux, puis élevés parmi les humains. Peut-être étaient-ils nés moins sauvages que les autres. Ou bien peut-être que ces deux facteurs se sont combinés. Quoi qu'il en soit, dans ce nouvel environnement où les yaks bénéficiaient de leur domestication, l'évolution a pris un nouveau chemin. Les animaux ont changé peu à peu, ainsi que la culture des chasseurs-cueilleurs avec lesquels ils s'associaient.

Il y a cinq mille ans, un groupe d'humains, le peuple qiang, vivait déjà en symbiose avec ces yaks en pleine transformation. Ils leur fournissaient viande, lait, fourrure, peaux, bouses pour le feu ou l'engrais, moyen de transport et autres services. En retour, les yaks étaient protégés des prédateurs, emmenés paître dans les prairies les plus grasses, et les mâles se voyaient offrir l'occasion de se reproduire en s'épargnant des affrontements violents avec leurs rivaux, comme c'est le cas à l'état naturel. Les yaks ont alors subi divers changements, dont une diminution de leur taille et le développement d'un tempérament plus paisible. Une étude récente a montré que les yaks domestiques n'ont pas moins de 209 gènes différents de ceux de leurs ancêtres sauvages, et que plusieurs de ces gènes sont associés à un comportement plus docile.

Au cours des siècles, le mode de vie des éleveurs de yaks s'est répandu à travers les régions de haute altitude d'Asie, dont l'Himalaya. Comme les opportunités de pâturage dépendaient beaucoup des saisons, au printemps, les éleveurs de yaks migraient avec leurs troupeaux vers la végétation luxuriante des hautes altitudes où ils campaient dans des tentes en peau, souvent en compagnie de chiens qui protégeaient les yaks des panthères des neiges. À l'automne, lorsque les pâturages d'été brunissaient, puis commençaient à geler, et que le climat devenait trop hostile pour qu'un être humain puisse y survivre, ils retournaient chez eux, à plus basse altitude. Les yaks ont une telle importance pour ce peuple des montagnes qu'ils ont été surnommés «l'or du Tibet» ou encore «les machines des montagnes».

Nous avions prévu notre expédition dans l'Himalaya bhoutanais au moment opportun pour être témoins des deux phases de migration des Lingzhi. Lors de notre ascension, nous étions passés devant plusieurs tentes d'été encore occupées à basse altitude, là où le froid redoutable n'était pas encore arrivé. Le jour où nous avions gravi le col brumeux et pluvieux, nous avions été chaleureusement accueillis dans la tente d'une famille d'éleveurs. Trois générations de Lingzhi y vivaient. Ils nous ont offert trois fromages de yak frais, prélevés des ficelles où ils séchaient comme des perles, en chapelets bien ordonnés. (Il se trouve que les Lingzhi descendent d'une population qui n'a pas acquis la capacité de digérer le lait tout au long de la vie, et ils ont donc besoin de la fermentation, comme celle qui a lieu dans la fabrication du fromage, pour l'assimiler correctement.)

Plus tard dans la même journée, dans une lumière d'or et d'argent, je contemplais depuis le col le lac aux eaux turquoise bientôt gelées. Au-delà de l'étendue de végétation brunie, la vue qui s'offrait à mes yeux était celle des pâturages d'été récemment abandonnés par une autre famille. Nous allions passer la nuit avec eux dans leur maison d'hiver. J'avais le sentiment d'avoir voyagé non seulement à 5 km d'altitude dans l'Himalaya, mais aussi plusieurs milliers d'années dans le passé.

Ce que nous avons vu alors, moins d'une heure après avoir quitté le col de haute altitude, m'a rappelé à quel point cet environnement était sauvage. Nous sommes tombés sur le squelette d'un yak, étendu par terre comme un corps sur une scène de crime. Le cadavre était frais; les tendons étaient encore là, en bon état. Nous avions dévié du sentier pour relever un piège photographique que Sonam avait placé dans les montagnes plusieurs mois auparavant – un appareil résistant à l'eau utilisé dans la recherche sur les animaux sauvages, qui prend une photo lorsqu'il détecte un mouvement. Lorsque nous avons examiné les photos, nous avons immédiatement reconnu le tueur. C'était une panthère des neiges, photographiée de nuit, d'un bleu irisé dans la lumière électronique de l'appareil. Plus que jamais, je comprenais à présent pourquoi ces animaux mystérieux et furtifs étaient parfois surnommés « fantômes des montagnes ».

Plusieurs heures plus tard, nous avons atteint notre destination du jour. Après avoir joué des coudes pour traverser un troupeau de yaks, nous sommes arrivés à proximité d'une solide bâtisse en pierre construite le long d'un ruisseau. Les roches montagneuses dont elle était faite montaient trop haut et cachaient presque complètement le toit d'acier ondulé. De chaque côté de la porte d'entrée, des lanières de viande de yak séchaient, accrochées à des supports fixés aux murs. À l'intérieur, le sol était fait de larges planches brutes, tout comme le plafond. Plusieurs rangées de fromages de yak étaient suspendues aux épaisses poutres qui soutenaient les solides planches du plafond et, au milieu de la pièce, un petit poêle faisait brûler de la bouse de yak. Non loin de là se trouvait un autre bâtiment de pierre, la laiterie, et au loin, on pouvait voir un petit bâtiment abritant les toilettes – en pierre, lui aussi.

Assis autour du feu ce soir-là, nous étions épuisés, mais heureux et bien au chaud. Tout en buvant du thé et en mangeant de la viande de yak, de l'orge et des légumes au piment, nous avons discuté de nombreux sujets. J'ai appris que la fille, une belle jeune femme qui parlait bien anglais, avait un diplôme de commerce. Son mari et elle avaient récemment abandonné la vie urbaine pour revenir au mode de vie traditionnel. Quand je lui ai demandé pourquoi, elle m'a expliqué qu'elle préférait cette vie simple et paisible et qu'elle aimait être avec sa famille dans les montagnes.

J'ai aussi appris que la maison avait été fraîchement rénovée, à la suite d'un incident l'été d'avant. Tandis que la famille vivait sous des tentes dans les pâturages d'été plus haut dans la montagne, un ours avait arraché le toit, défoncé le plafond pour entrer et ravagé l'intérieur de la maison. Les nouvelles plaques d'acier, les rochers qui les bordaient et les épaisses planches du plafond étaient autant de mesures visant à éviter que cela ne se reproduise.

Et surtout, j'ai appris que la forme des fromages de yak, semblable à une perle, n'était pas une coïncidence. Le fromage de yak est précieux pour le peuple des montagnes : c'est leur gagne-pain. Les chapelets suspendus aux chevrons étaient là en partie pour les aider à tenir l'hiver, mais ils devaient avant tout être commodément chargés sur des chevaux et acheminés pendant plusieurs jours à travers les montages jusqu'au point de transport automobile le plus proche. De là, ils seraient transportés en ville et vendus au marché.

Deux jours plus tard, nous sommes arrivés là où les chevaux chargés de fromages et le monde moderne se rencontraient. Le contraste entre ce que nous voyions là et le monde que nous avions parcouru lors de nos marches en montagne les huit jours précédents était saisissant. Le long d'une vieille baraque en tôle qui servait de remise, ornée d'un phallus en bois sculpté de 50 cm qui jaillissait du chambranle de la porte, un troupeau de chevaux se reposait, selle et couverture sur le dos, prêt à retourner dans la montagne. Non loin de là, des sacs de fromage de yak avaient été déposés soigneusement à côté d'une route boueuse qui venait juste d'être tracée et n'avait pas encore de revêtement et d'un gros engin de chantier jaune qui servait à transporter du bois. Les bas-côtés portaient les marques d'un chantier récent. Le phallus, quant à lui, n'avait rien d'une blague potache : c'était un symbole important, censé éloigner le mal.

Notre 4 × 4 est arrivé, chargé de vivres à emporter à dos

de cheval dans la montagne. Nous avons déchargé le véhicule, puis nous l'avons rempli de sacs de fromage de yak à emporter lors de notre retour dans la ville de Thimphu, plus bas dans la vallée.

J'ai observé en silence, tandis qu'on distribuait et qu'on chargeait sur les chevaux les vivres fraîchement arrivés. Il y avait des sacs de céréales, des légumes, des bouteilles d'huile et des paquets de sucre, de sel et de thé – toutes choses dont j'avais bénéficié en acceptant l'hospitalité du peuple des montagnes. Il y avait aussi de nombreux paquets colorés pleins d'aliments gras et sucrés tels que des biscuits, des nouilles instantanées et des chips, dans des emballages tape-à-l'œil montrant des consommateurs ravis, et des canettes de boissons sucrées bien connues, par cartons entiers.

Tandis que nous avancions tant bien que mal sur la route boueuse et glissante qui traversait l'habitat naturel de la plus grande population de tigres sur Terre, je ne pouvais m'empêcher de penser à ce que je venais de voir. La vision de ces aliments et boissons sucrés et transformés s'acheminant dans les montagnes avait quelque chose de troublant. Pourtant, dans le mode de vie éprouvant dont j'avais fait l'expérience ces huit derniers jours, ces gourmandises apportaient de la diversité, du plaisir et une énergie rapidement accessible lorsqu'on en a le plus besoin – c'est-à-dire souvent, compte tenu de l'activité physique de ces montagnards et du froid qu'ils affrontent. De plus, ces en-cas étaient bon marché, se conservaient bien et, comparés à l'eau et aux fruits et légumes riches en fibres, ils étaient légers et pratiques à transporter. Mais je savais que ces aliments et ces boissons avaient un effet destructeur sur l'équilibre nutritionnel, les traditions culinaires et la santé des populations partout dans le monde.

Je ne suis pas de nature superstitieuse, mais pendant un instant je me suis pris à espérer que ce phallus en bois de 50 cm joue son rôle et protège les montagnards de ce qui risquait de détruire rapidement leur mode de vie pastoral, sain et vieux de cinq mille ans.

Deux mois plus tard, alors que je me trouvais sur une petite île de l'océan Pacifique, j'ai vu ma pire crainte se réaliser. Accompagné de mes amis et collègues Olivier Galy, de l'université de Nouvelle-Calédonie, et Corinne Caillaud, de l'université de Sydney, j'étais parti à Lifou, l'une des îles Loyauté, à l'est de la Nouvelle-Calédonie. Nous étions logés par une famille tribale, les Zongo, afin de faire l'expérience de leur mode de vie et de leur régime traditionnel. Mais nous étions surtout là pour examiner la menace qui commençait à dégrader ce mode de vie, dénaturer leur alimentation et mettre en péril la nature vierge de leur île.

Nous sommes sortis de notre voiture de location et avons foulé la terre du paradis tropical qu'est l'île natale des Zongo. J'ai été accueilli par leur chien débordant d'enthousiasme et mon regard s'est porté au-delà de la pelouse luxuriante et des arbres fruitiers tropicaux, sur une maison simple et accueillante au toit de tôle ondulée turquoise. Sur la véranda se tenait un beau couple de sexagénaires épanouis et en pleine forme. C'étaient nos hôtes, Pierre et Naomi Zongo.

Ils nous ont d'abord menés à notre logement, une maison traditionnelle, ronde, au toit de chaume. Passé la porte basse, nous nous sommes retrouvés dans un espace unique construit autour d'un grand et majestueux pilier de bois soutenant plusieurs cercles de chevrons taillés dans des rondins. Ils étaient reliés à un réseau de pannes qui formaient une structure robuste, comme les baleines d'un parapluie, et qui supportaient le toit. En dessous, il y avait un muret circulaire, construit à peu près de la même manière que le toit et recouvert de chaume comme d'une couverture, du sommet jusqu'à la base.

Les parois intérieures étaient noires de suie – témoin de

plusieurs années de feux de bois dans le foyer qui se trouvait sous le pilier central – et l'atmosphère avait un parfum de feu, de terre et de bois, comme un whisky écossais *single malt*. Le sol était recouvert de tapis tissés aux couleurs vives sur lesquels étaient posés nos matelas, créant un contraste élégant avec la noirceur naturelle des murs et le plafond. Ces maisons, construites par la tribu, sont réservées aux grandes occasions comme les rassemblements tribaux. Je mesurais le privilège d'y être accueilli.

Le lendemain matin, au petit déjeuner, nous avons mangé du yaourt maison avec du miel, de la papaye et de la noix de coco râpée, cueillie non loin de là, puis nous nous sommes rendus dans les jardins de la famille. Nous avons extrait de la terre fertile des ignames et des pommes de terre, et cueilli un large éventail de légumes, d'herbes et de fruits tropicaux, dégusté des fruits sauvages et des tomates semblables à des rubis qui poussaient comme de la mauvaise herbe dans le potager. Naomi et Pierre nous ont appris qu'ils utilisaient du corail écrasé aux arêtes coupantes, qu'ils répandaient comme les lignes blanches d'un terrain de sport pour protéger leurs cultures des limaces et qu'ils disposaient des bouteilles de soda en plastique sur les piquets de clôture autour du jardin pour produire un bruit qui effraie les cochons sauvages.

Nous sommes rentrés pour le déjeuner : au menu, il y avait un *bougna*, un délicieux plat kanak composé d'ingrédients locaux, dont des ignames, des patates douces, des bananes plantains, du lait de coco et du poisson frais, le tout enveloppé dans de grandes feuilles de bananier et cuit pendant plusieurs heures dans un four traditionnel fait de roches brûlantes disposées au fond d'un trou creusé dans le sol. J'avais déjà vu d'où provenaient les légumes, et j'allais bientôt voir comment le poisson était pêché.

Après le déjeuner, nous avons aidé Paul Zongo, le fils de Pierre et Naomi, titulaire d'un doctorat et directeur du projet de recherche qui nous avait menés en Nouvelle-Calédonie, à préparer son bateau de pêche, et nous sommes partis sur l'océan. La veille, j'avais exploré le coin avec des palmes et un tuba; j'avais donc une idée de ce que nous allions voir. Même près de la plage, l'océan grouillait de vie. La visibilité était mauvaise, mais malgré cela, après avoir nagé quelques minutes, j'ai vu une tortue marine, puis un banc de grands poissons pélagiques, une étrange rascasse rouge avec ses épines et une multitude de petits poissons multicolores qui tourbillonnaient autour du récif corallien comme des confettis.

À quelques centaines de mètres de l'emplacement duquel nous avions mis le bateau à l'eau, le fond descendait à près de 100 m de profondeur, et un peu plus loin, il plongeait encore 300 m plus bas. Puis nous avons atteint notre premier objectif, une grande structure corallienne appelée Shelter Reef (le «récif-abri»), qui jaillit des profondeurs comme une montagne. Je savais qu'une telle structure à cette profondeur était un véritable aimant à poissons. Nous n'avons pas été déçus.

Peu après notre arrivée, nous avons commencé à observer les remous et les éclaboussements caractéristiques de gros poissons autour des appâts que nous traînions à l'arrière du bateau. Paul a crié en montrant du doigt une belle dorade tropicale qui sautait pour essayer de gober notre appât. Mais c'est le poisson suivant qui s'est fait prendre. Paul a arrêté le bateau et j'ai hissé sur le pont 15 kg de poisson aux reflets bleus et dorés sous le soleil de l'après-midi. Peu après, nous avons aussi attrapé une grosse carangue.

Ensuite, nous nous sommes rapprochés du rivage pour aller pêcher au harpon près de récifs coralliens moins profonds. Lorsque j'ai sauté dans l'eau, j'ai su immédiatement que cela allait être une expérience unique. Contrairement à la veille, où j'avais plongé dans une eau troublée par le sable de la plage qui laissait à peine entrevoir les créatures qui m'entouraient, je me trouvais à présent dans une eau cristalline qui grouillait d'espèces bien visibles. Lors de ma première plongée, tandis que je descendais pour m'orienter dans le monde dans lequel je venais d'entrer, un grand requin des récifs est passé à côté de moi avec l'assurance d'un sous-marin nucléaire – au détail près qu'il dégageait, me semblait-il, une certaine nervosité, dont je savais qu'elle était associée à un comportement de chasse. J'allais bientôt en voir plusieurs autres et comprendre qu'il se passait quelque chose.

Pendant un moment, j'ai nagé avec les requins en les photographiant, puis je suis remonté à la surface pour rejoindre Paul et Olivier, qui étaient partis au grand large. Je les ai retrouvés postés près d'un canal large et profond qui grouillait de poissons, dont beaucoup nageaient contre le courant pour rester sur place. Nous avons vu passer deux thons blancs, telles deux torpilles aux dents acérées. Mais nous n'étions pas les seuls à chasser dans le canal. Les requins étaient là, eux aussi. Mes recherches m'avaient déjà conduit à Lizard Island, sur la Grande Barrière de corail, en Australie, et l'expérience m'avait appris qu'en présence de requins la pêche au harpon doit être pratiquée avec prudence, voire pas du tout. Il est rare qu'ils s'en prennent aux humains, mais ils n'hésitent pas à attraper un poisson qui se débat au bout d'un harpon, en attaquant tout ce qui se met en travers de leur chemin. Paul, qui était un habitué de ces eaux, a harponné une carangue, l'a hissée sur le bateau, et nous en sommes restés là.

Alors que nous levions l'ancre et que nous nous préparions à partir, nous avons repéré la cause de toute cette agitation parmi les poissons. Un peu plus loin au détour de la plage, il y avait un petit bateau en tôle avec trois jeunes hommes à bord. C'étaient des membres de la tribu, des amis de Paul, qui pêchaient pour les repas de funérailles traditionnelles qui devaient avoir lieu la semaine suivante. Il y avait sur leur bateau un bidon rempli de poissons de récifs : c'était leur pêche qui avait excité les requins. L'un des hommes tenait un énorme poisson, gros comme le torse d'un homme. Au milieu de ce poisson, il y avait un grand trou circulaire : entre la tête et la queue, ne restait que la colonne vertébrale. C'était, à n'en pas douter, la morsure d'un requin.

Nous leur avons donné notre carangue géante, ainsi que celle que Paul avait harponnée, en guise de contribution aux funérailles, et nous sommes repartis vers le rivage en passant par Shelter Reef. En chemin, tandis que le soleil virait à l'orange et la mer au bleu d'encre, Olivier a attrapé une dorade tropicale à peu près de la même taille que celle que j'avais prise plus tôt, et Corinne a pêché un gros poisson prédateur ressemblant au barracuda qu'on appelle « thazard » ou « thon banane ».

Quand le soleil a disparu derrière l'horizon et que nous avons fini d'enrouler nos lignes de pêche, j'ai réfléchi aux conversations que nous avions eues. Il y a très peu de pêche commerciale à Lifou – ce dont nous étions témoins, c'était de la pêche de subsistance, pour nourrir des familles et fournir à la communauté du poisson pour des événements rituels comme les mariages et les enterrements. Dans les eaux poissonneuses de Lifou, cette pêche est soutenable ; elle pourrait se perpétuer indéfiniment pourvu que les pratiques de pêche ne changent pas. Si elles se modifient et que les flottes de pêche commerciale arrivent pour transformer les richesses de l'océan en profits, cela sonnera le glas d'un mode de vie traditionnel idyllique – lequel est déjà menacé d'autre part.

Le lendemain, nous allions voir ce problème de nos propres yeux. Nous sommes allés à Wé, la ville principale de Lifou, pour découvrir une autre facette de la vie insulaire. Mais nous avons d'abord fait une escale dans un supermarché pour faire des courses. Les rayons étaient remplis de nourriture transformée aux emballages colorés : nouilles instantanées, biscuits, conserves de viande transformée, etc., qui m'ont rappelé les chevaux transportant le même genre de malbouffe dans les montagnes du Bhoutan pendant que je traversais le territoire des tigres. Le plus frappant, c'était qu'il n'y avait pratiquement pas d'aliments frais. Où étaient les légumes et les poissons dont nous nous étions nourris les jours précédents chez les Zongo ?

Je me suis dit qu'il y avait peut-être un marché où l'on vendait les produits frais. Mais ce n'était pas le cas non plus. Nous avons ensuite visité une coopérative de maraîchers, établie quelques années auparavant pour vendre des surplus de jardins familiaux. Même là, il y avait étonnamment peu de légumes : quelques étals d'ignames, de pommes de terre et de patates douces, mais à part une ou deux citrouilles et un chou-fleur solitaire, rien de vert, d'orange, de jaune, ni de rouge. Le gérant, très aimable, nous a expliqué quel était le problème : les familles produisaient juste assez pour leur propre consommation et pour les grands événements, et par ailleurs, les villageois consommaient de plus en plus d'aliments industriels comme ceux que nous avions vus dans les rayons du supermarché – bon marché, irrésistibles et redoutables.

À cause de ces nouveaux aliments, de moins en moins d'enfants apprennent à pêcher et à cultiver les fruits et les légumes. Le marché des aliments transformés issus de l'importation est en pleine expansion – de même que le tour de taille des habitants et le nombre de personnes souffrant de diabète et d'autres maladies liées à l'alimentation.

Au Bhoutan, nous avions observé les prémices du même processus – celui par lequel des aliments artificiels s'introduisent dans un régime traditionnel. S'il n'y a pas encore d'obésité chez les éleveurs de yaks, c'est en partie parce que leur accès à ces aliments reste limité. Il n'y a ni magasins ni distributeurs, et tout doit encore être transporté par des chevaux. Mais à Lifou, que l'on peut rejoindre par bateau et qui a même son propre aéroport, il n'y a pas ce genre de restriction. Le surpoids et l'obésité y ont augmenté de 13 % depuis 2010 et touchent à présent plus de 80 % des adultes. De même, l'obésité va crescendo dans les parties les plus accessibles du Bhoutan – les villes d'où proviennent ces aliments transformés qui ensuite se fraient un chemin dans les montagnes.

Ce que nous constatons dans les deux pays (et c'est un schéma que l'on retrouve ailleurs sur la planète), ce sont les premières étapes d'un processus qui ravage des pays tels que les États-Unis et l'Australie. Il s'agit de la *transition nutritionnelle* par laquelle les régimes traditionnels issus de l'agriculture et de la chasse sont remplacés par une offre alimentaire issue de l'industrie chimique et agroalimentaire afin d'exploiter nos appétits. Ces nouveaux produits sont exportés aux quatre coins du monde, avec toujours les mêmes conséquences : les savoir-faire associés aux régimes traditionnels se perdent, pendant que l'obésité et les pathologies qui l'accompagnent augmentent.

Pourquoi et comment les aliments transformés engendrent-ils ces problèmes ? Nos travaux sur les insectes, les primates et autres espèces peuvent-ils nous aider à répondre à cette question ? C'est ce que nous allons voir dans le chapitre suivant.

LE CHAPITRE 10 EN BREF

1. Lorsque leur environnement alimentaire change de manière définitive, les animaux évoluent et développent de nouvelles stratégies pour s'adapter. Si les changements sont trop brusques ou trop extrêmes, l'adaptation passe par des crises sanitaires, des morts prématurées, voire l'extinction de l'espèce.
2. Les humains ont eu recours à des moyens culturels pour transformer leur environnement alimentaire en plusieurs étapes : la maîtrise du feu, l'invention des outils, la transition de la chasse et de la cueillette à l'agriculture et, plus récemment, l'industrialisation de la production alimentaire et la mondialisation de sa distribution.
3. La mondialisation permet à une nourriture industrielle malsaine de remplacer progressivement les régimes traditionnels du monde, qui étaient sains. Ces pays rejoignent ainsi les pays développés, qui ont commencé à subir cette transformation il y a plusieurs décennies.

→ Quels sont les effets de la nourriture industrielle sur notre santé ?

11

Les environnements alimentaires modernes

Parfois, pour voir clairement quelque chose, il faut commencer par détourner le regard. C'est étrange, mais c'est ainsi. C'est précisément ce que nous avons fait pour l'une des choses les plus importantes dans la vie : notre environnement alimentaire.

Pendant trente ans, nous avions étudié dans nos laboratoires les sauterelles, les cafards, les chats, les chiens, les visons et d'innombrables autres animaux ; nous avions étudié les sauterelles de l'Ouest, les sauterelles mormones, les singes et les grands primates dans leurs environnements naturels ; et nous étions partis dans des montagnes et sur des îles lointaines où la modernité venait bousculer un équilibre millénaire.

Maintenant que nous revenons à notre propre espèce, la question centrale nous apparaît plus clairement que jamais.

Pourquoi, alors que nous sommes capables de créer n'importe quel environnement alimentaire, avons-nous engendré tant de malbouffe, de maladies, de morts, d'inégalités et de dégâts écologiques ?

Nous avons un début de réponse.

L'une des étapes importantes de notre quête, qui visait à comprendre pourquoi nos environnements alimentaires modernes sont devenus toxiques, fut un e-mail reçu par David en 2015. Son expéditeur était le professeur Carlos Monteiro, un éminent expert en santé publique et nutrition de l'université de São Paulo, au Brésil. Nous connaissions déjà les travaux de Carlos et de son équipe ; nous y avions fait référence dans nos articles. Il nous contactait pour nous informer qu'il avait lu notre étude sur le rapport entre le comportement alimentaire des humains et celui des animaux domestiques et qu'il trouvait cela intéressant par rapport à ses propres recherches.

Carlos avait étudié le rapport entre les différents types d'aliments et l'obésité un peu partout dans le monde. Ses recherches, d'abord au Brésil, puis aux États-Unis et dans bien d'autres pays, ont démontré l'existence d'un schéma récurrent : plus la consommation d'aliments dits *ultra-transformés* est répandue, plus il y a d'obésité. Et, comme nous le savons, plus il y a d'obésité, plus il y a de diabète, de maladies cardiovasculaires, d'AVC, de cancers de certains types et de morts prématurées.

Quels sont ces aliments ultra-transformés si néfastes pour notre santé ? La réponse la plus simple serait la suivante : il s'agit du type de nourriture irrésistible que nous avons rencontré, au chapitre précédent, dans l'Himalaya et dans un supermarché de l'île paradisiaque de Lifou, en Nouvelle-Calédonie.

Mais face à un problème aussi vaste, aussi complexe et aussi important, nous ne pouvions pas nous contenter d'une réponse aussi brève. Il nous fallait savoir en quoi l'ultra-transformation se distinguait d'autres formes de transformation des aliments, dont beaucoup ne présentent aucun risque et peuvent même être bonnes pour nous. C'est là qu'interviennent Carlos et ses collègues. Ils ont élaboré un système permettant de définir différentes catégories d'aliments selon leur degré de transformation et de reconnaître quels aliments transformés sont nocifs. C'est le système NOVA. Il comprend quatre catégories d'aliments, classés selon leur degré de transformation.

La première catégorie, le groupe NOVA 1, est composée d'aliments non transformés et d'aliments qui ne sont modifiés que selon des procédés simples, lesquels ne changent que très peu leur composition – par exemple, le séchage, le broyage, la cuisson au four ou par ébullition, la pasteurisation, l'élimination de parties non comestibles ou l'emballage sous vide. Le but principal de la transformation dans le groupe 1 est de prolonger la durée de conservation des aliments et de faciliter leur préparation. C'est le cas, par exemple, du lait pasteurisé ou en poudre, des légumes en conserve ou surgelés, des cacahuètes et autres oléagineux grillés non salés et des haricots secs.

Contrairement au groupe NOVA 1, le groupe 2 n'est pas composé d'aliments complets, mais d'ingrédients qui servent à la préparation, à la cuisson ou à l'assaisonnement de la nourriture. On y trouve des matières grasses comme le beurre et les huiles, les sucres et autres produits sucrés tels le sirop d'érable, et le sel. Ces ingrédients sont généralement issus de procédés mécaniques tels que le raffinage, l'extraction, la mouture, ou, dans le cas du sel, l'extraction minière et l'évaporation.

Le troisième groupe NOVA est constitué d'aliments transformés mais pas *ultra*-transformés. Ils sont produits en ajoutant des ingrédients du groupe 2 tels que les matières grasses, le sucre ou le sel, à des aliments bruts ou peu transformés du groupe 1, ainsi que par le recours à des méthodes de conservation comme la mise en bouteille ou en flacon, la conserve ou la fermentation. Le but principal de ce type de transformation est d'augmenter la durée de conservation des aliments du groupe 1 et de les rendre plus appétissants. On trouve par exemple dans le groupe 3 les fruits, légumes et légumineuses en boîte ou en bocal, les conserves de poisson, les oléagineux salés ou sucrés, la viande fumée ou en salaison, ainsi que le pain et le fromage faits selon les méthodes traditionnelles.

Les modes de transformation correspondant aux niveaux 1, 2 et 3 ne sont pas des inventions récentes. Certains sont connus depuis des dizaines de millions d'années, avant même l'évolution des premiers humains. Dans le chapitre précédent, nous avons rencontré un exemple de transformation de niveau 1 de la nourriture par notre cousin lointain le sajou barbu, qui utilise des outils en pierre pour casser la coque d'oléagineux qui, sans cela, seraient immangeables.

Les groupes NOVA 2 et 3 – l'extraction d'ingrédients culinaires et leur ajout à des aliments non transformés pour les conserver plus longtemps – sont apparus beaucoup plus récemment que le premier groupe (à quelques rares exceptions près, chez les humains uniquement), mais ces modes de transformation existent tout de même depuis très longtemps. Les archéologues ont trouvé des preuves d'extraction d'huile d'olive, de fabrication de fromage et de fumaison de viande vieilles de plusieurs milliers d'années. En 2018, des vestiges de fabrication de bière vieux de treize mille ans ont été retrouvés dans une grotte en Israël. La même année, des miettes de pain carbonisées ont été découvertes dans un camp de chasseurs-cueilleurs jordanien vieux de plus de quatorze mille ans. De toute évidence, nous transformons nos aliments depuis très, très longtemps – cela précède même l'agriculture. Il est donc très peu probable que des aliments présents dans les trois premières catégories NOVA soient responsables de la catastrophe nutritionnelle moderne.

C'est là qu'intervient le groupe NOVA 4 : celui des aliments ultra-transformés.

Ces derniers ne sont entrés en scène que depuis très peu de temps – lorsque l'industrialisation a mécanisé la production de toutes sortes de produits : les textiles, l'acier, les moteurs à vapeur, puis les moteurs à explosion. Ce n'est peut-être pas une coïncidence si c'est à peu près à la même époque qu'a été publié le premier livre de conseils pour perdre du poids : c'était en 1864 et il s'agissait de *De l'obésité* (*Letter on Corpulence, Addressed to the Public*) de William Banting*. Cette brochure qui recommandait un régime pauvre en glucides a connu un succès fulgurant et a été rééditée cinq fois en deux ans, pour un total de 50 000 exemplaires vendus – un nombre considérable pour l'époque. L'obésité était clairement une préoccupation largement partagée à cette époque où les aliments ultra-transformés faisaient leur apparition dans l'environnement alimentaire victorien.

Quels sont les aliments du groupe NOVA 4 ? Ce sont des aliments si fortement transformés par des procédés industriels qu'ils ne sont parfois même pas considérés comme de la nourriture – on les appelle alors « produits ultra-transformés ». Ce sont des produits industriels au même titre que la peinture ou le shampoing, mais conçus pour séduire notre palais plutôt que de remplir une fonction esthétique ou hygiénique. Leur fabrication commence typiquement dans de grosses machines qui décomposent les aliments bruts en composantes telles que l'amidon, les sucres, les graisses, les huiles, les protéines et les fibres. Les matières premières utilisées sont le plus souvent des produits de l'agriculture intensive tels que le maïs, le soja, le blé, la canne à sucre ou la betterave, ou encore des carcasses broyées d'animaux issus de l'élevage intensif. Certains de ces produits subissent ensuite des modifications chimiques comme l'hydrolyse (une forme de décomposition chimique) ou l'hydrogénation (l'ajout d'atomes d'hydrogène)

* P. Asselin, Paris, 1864.

avant d'être combinés avec d'autres substances. Au passage, les produits peuvent être soumis à des transformations supplémentaires, telles que la préfriture, l'extrusion ou le moulage, et être combinés avec des additifs chimiques afin de prolonger leur durée de conservation et de modifier leur texture, leur goût, leur odeur et leur apparence. Nombre de ces substances chimiques ne proviennent pas de l'agriculture, mais de l'industrie pétrolière ou d'autres secteurs industriels.

Tout cela peut sembler trop affreux pour être vrai, et pourtant ça l'est. Prenons une catégorie populaire d'aliments ultra-transformés : les crèmes glacées. Le numéro du 17 août 2016 du magazine publié par le géant pétrolier BP contenait un article qui commençait ainsi : « Quel est le point commun entre les glaces, le chocolat, la peinture, le shampoing et le pétrole brut ? C'est le procédé scientifique utilisé pour leur fabrication. »

Cet article explique comment des équipes multidisciplinaires de chercheurs du BP Institute for Multiphase Flow de Cambridge, en Angleterre, étudient des problèmes communs à de nombreux procédés industriels, de la production de pétrole à la fabrication de produits tels que la peinture, le shampoing, le chocolat (eh oui, encore un aliment ultra-transformé) et la glace. D'un point de vue scientifique, rassembler des chercheurs de différentes disciplines pour se pencher sur un problème est une bonne chose. C'est plus ou moins ce que nous faisons dans notre propre institut, le Centre Charles Perkins, pour identifier les facteurs responsables de l'épidémie moderne d'obésité, de diabète et de maladies cardio-vasculaires.

Sauf que les intérêts partagés par les industries pétrolière, cosmétique, celle de la peinture et celle des aliments ultra-transformés n'ont rien à voir avec l'amélioration de notre alimentation ; il s'agit de rendre les produits plus séduisants ou leur production plus efficace. Et souvent, ces industries ont non seulement des problématiques et des intérêts en commun, mais elles utilisent aussi les mêmes matériaux et les mêmes procédés pour résoudre leurs problèmes de production.

Prenons par exemple la crème glacée, que l'on peut fabriquer chez soi avec de la crème, du sucre et des fruits ou autres ingrédients aromatiques. Voyons maintenant quels ingrédients sont couramment utilisés dans la fabrication des glaces industrielles vendues dans le commerce : l'acétate de benzyle, un produit chimique également présent dans les savons, les détergents, les résines synthétiques et les parfums, et comme solvant dans les plastiques et les résines ; l'aldéhyde C 17, également employé dans des teintures, des plastiques et dans le caoutchouc ; le butyraldéhyde, dérivé du butane et aussi présent dans la fabrication de médicaments, de pesticides, et de parfums ; l'héliotropine, autrefois utilisée dans les hôpitaux pour éliminer les poux ; l'acétate d'éthyle, aussi utilisé dans des colles et dissolvants ; et ainsi de suite...

De plus, la glace industrielle n'est pas un détail insignifiant à l'échelle de l'alimentation occidentale moderne. En 2018, environ 2 millions de tonnes de glaces ont été consommées aux États-Unis, soit environ 6 kg par personne. Et il y a de quoi être encore plus inquiet lorsqu'on songe que les glaces ne sont qu'une catégorie parmi d'autres aliments ultra-transformés qui contiennent ce genre d'ingrédients. C'est également le cas des bonbons, des chocolats, des gâteaux, pains, pizzas, chips, céréales de petit déjeuner, sauces pour salades, ketchup, et encore bien d'autres produits sous leurs formes industrielles.

En 2018, 61 % des aliments conditionnés vendus en Australie relevaient du groupe NOVA 4. Le nombre de nouveaux aliments et boissons mis sur le marché pour la seule année 2016 était de 21 435. La plupart d'entre eux étaient des produits ultra-transformés. Imaginez le cocktail de produits chimiques étranges ingérés...

La question de savoir si ces produits nous font du mal est à la fois importante et complexe. Certains sont probablement nocifs ; d'autres le sont de manière avérée. En octobre 2018, par exemple, la Food and Drug Administration, agence de sécurité sanitaire américaine, a interdit l'emploi de huit additifs qui étaient utilisés comme arômes artificiels dans des aliments ultra-transformés, car des études sur des animaux avaient démontré qu'ils étaient cancérogènes. Il s'agissait de la benzophénone, de l'acrylate d'éthyle, du méthyleugénol, de l'éther méthylique, du myrcène, de la pulégone, de la pyridine et du styrène. Le premier de la liste, la benzophénone, est même interdit dans la fabrication du caoutchouc destiné au contact alimentaire. Au moment où nous écrivons ces lignes (juin 2019), et peut-être au moment où vous les lisez, ces produits chimiques pourraient encore être en circulation dans le commerce alimentaire, car leur utilisation reste légale deux ans après la décision. Mais vous ne pouvez pas savoir quels aliments en contiennent : les fabricants ne sont pas tenus de les signaler sur l'étiquette de manière plus spécifique que la mention « arômes artificiels ».

Toutes ces substances sont artificielles au sens où elles ne sont pas naturellement présentes dans les aliments dans lesquels on les trouve. Cela n'a rien de très surprenant, car ces aliments eux-mêmes n'existent pas naturellement : ce sont des produits industriels ultra-transformés. Mais certaines de ces substances chimiques existent aussi à l'état naturel dans des aliments des catégories NOVA 1, 2 et 3. Le myrcène, par exemple, se retrouve dans de nombreuses plantes, dont le thym, le cannabis, le persil et le houblon. Cependant, lorsqu'il est utilisé dans des aliments ou des parfums industriels, il s'agit typiquement de sa forme de synthèse et non pas naturelle. La molécule est la même, mais sa provenance est différente. Le méthyleugénol est un composé présent dans de nombreuses plantes aromatiques utilisées en cuisine, telles que les clous de girofle, les feuilles de laurier, le basilic et la noix de muscade.

Ce n'est donc pas parce qu'une substance chimique est présente dans la nature qu'elle est sans danger. À vrai dire, de nombreuses substances chimiques naturelles, dont le myrcène et le méthyleugénol, ont évolué précisément en raison de leur nocivité : les plantes les produisent pour repousser les herbivores qui voudraient les manger.

De même, il ne suffit pas qu'une substance chimique ait un nom alambiqué et soit ajoutée artificiellement dans des aliments pour qu'elle soit nécessairement toxique (et cela reste vrai même si cette substance sert aussi à tuer les poux ou à faire de la peinture ou du plastique). Prenez, par exemple, l'acétate d'isoamyle. Il est employé comme additif pour reproduire le parfum de la banane dans les glaces, les bonbons, les gâteaux et autres douceurs ultra-transformées ; mais à l'occasion, il fait aussi des heures supplémentaires comme solvant pour la peinture et la laque, et comme additif dans le cirage. Pas très appétissant, non ? Et pourtant, cette même substance apporte une saveur fruitée tout à fait agréable à certaines bières – y compris en Allemagne, où la fameuse loi sur la pureté de la bière (*Reinheitsgebot*) interdit l'utilisation de tout ingrédient autre que l'eau, les céréales, le houblon et la levure. L'acétate d'isoamyle est naturellement produit par la levure de bière au cours de la fermentation. Il est également responsable du goût caractéristique de la banane, avec quelques autres molécules. Si nous évitons les glaces qui contiennent cet additif, ne faudrait-il pas aussi éviter la bière et les bananes ? Après tout, il s'agit de la même molécule, qu'elle soit ajoutée artificiellement dans les glaces, libérée dans la bière par des levures ou synthétisée naturellement dans les bananes.

Dans d'autres cas, les fabricants d'aliments transformés vont encore plus loin : ils ajoutent des molécules artificiellement modifiées dans leurs préparations. C'est le cas des tristement célèbres acides gras trans, produits industriellement par le procédé d'hydrogénation (l'ajout d'atomes d'hydrogène) évoqué plus haut, dans des huiles végétales insaturées, donc saines au départ. L'une des raisons de cet ajout est qu'il épaissit ces huiles bon marché, ce qui permet de les utiliser à la place du beurre pour rendre plus croustillants certains produits comme les pizzas, les pâtisseries, le pop-corn à passer aux micro-ondes et les donuts. Cette transformation des huiles végétales augmente aussi leur durée de conservation, ainsi que celle des aliments ultra-transformés qui les contiennent.

Malheureusement, cela n'accroît pas la durée de vie de ceux qui consomment ces délices croustillants. Les experts sont formels : les acides gras trans industriels sont les matières grasses les plus toxiques qu'on trouve dans notre alimentation et, selon l'Organisation mondiale de la santé, ils seraient responsables des crises cardiaques fatales à un demi-million de personnes par an dans le monde. Et ce, malgré leur interdiction dans certains pays riches – en premier lieu le Danemark, dès 2005, puis l'Islande, l'Autriche et la Suisse. En 2018, l'ensemble des États-Unis ont suivi, en retard sur certains de leurs États, comme New York, qui avaient déjà prononcé leur propre interdiction. Des études ultérieures menées à New York et au Danemark ont démontré une forte baisse des hospitalisations et des décès dus aux maladies cardiaques. Les acides gras trans sont encore très présents dans l'alimentation de certains pays pauvres ou en développement et même dans certains pays riches. Il n'y a aucune interdiction en Australie, où nous vivons, ni aucune obligation aux fabricants de déclarer sur leurs étiquettes si cette toxine est présente dans leurs produits, et en quelle quantité*.

---

* La Commission européenne a décidé de limiter la teneur d'acides gras trans à 2 g pour 100 g de matière grasse à partir du 2 avril 2021 (source : *Le Monde*).

Si vous avez du mal à vous faire un avis sur les additifs artificiels, c'est normal. Nous aussi. Un si grand nombre est utilisé pour produire des aliments ultra-transformés (plus de trois cents sont autorisés en Australie et en Europe) qu'il n'existe aucune manière simple, ni d'ailleurs aucune manière tout court, de s'y retrouver parmi ces cocktails exotiques. Certains sont peut-être sans danger ; d'autres peuvent être sans danger dans certaines circonstances, mais pas dans d'autres ; et d'autres substances encore, comme les acides gras trans, sont toxiques en toutes circonstances. Et même si nous autres consommateurs en savions assez sur chacun d'entre eux pour pouvoir faire des choix alimentaires éclairés, ces connaissances ne nous seraient pas d'un grand secours tant que les additifs sont dissimulés derrière des appellations mystérieuses telles que celle d'*arômes artificiels* (comme les additifs récemment interdits aux États-Unis) et tant que les industriels ne sont pas dans l'obligation de les signaler sur l'emballage (comme les acides gras trans en Australie). Dans ce cas, la meilleure stratégie pourrait bien être de considérer tous les aliments ultra-transformés comme suspects.

Cependant, trente ans d'étude des animaux dans leur environnement alimentaire naturel, ainsi que dans un cadre expérimental en laboratoire nous ont appris que la situation pourrait bien ne pas être aussi complexe que ça. Dès lors que nous nous considérons comme une espèce parmi d'autres dans un environnement alimentaire comme les autres, malgré toutes nos particularités, l'ordre émerge du chaos.

Un élément saute aux yeux : l'introduction d'aliments ultra-transformés contenant des cocktails de nouvelles substances chimiques ou de substances plus anciennes dans des combinaisons nouvelles *allait forcément mal finir*. Bon nombre de ces substances ne sont pas ajoutées pour leurs propriétés nutritionnelles, mais comme autant d'astuces industrielles pour réduire les coûts de fabrication, augmenter la durée de conservation ou l'attrait (le goût, le croustillant, la couleur, etc.) de produits qui ressembleraient autrement à une bouillie chimique peu appétissante.

C'était forcément jouer à la roulette russe que d'exposer notre physiologie délicate, fruit de millions d'années d'évolution, à de nouveaux ingrédients aussi exotiques. Avec un peu de chance, certains pouvaient s'avérer sans danger ou même bénéfiques. Mais il y avait fort à parier que d'autres, et peut-être même beaucoup d'autres, s'avéreraient nocifs. C'est pour cela qu'on teste aussi soigneusement les médicaments, en plusieurs étapes, au prix de millions de dollars et pendant plusieurs années, avant d'approuver leur mise sur le marché – ou pas. Mais on ne retrouve pas la même rigueur dans le traitement des additifs de l'industrie alimentaire.

Aussi inquiétant que cela puisse paraître, il y a un autre aspect, plus subtil et encore plus terrible que cette loterie de la toxicité, et c'est celui dont nous devrions avoir le plus peur : cela concerne les propriétés de ces produits que les fabricants ne veulent surtout pas laisser au hasard. Ils sont délibérément transformés pour garantir un résultat en particulier : nous donner envie d'en manger le plus possible. Et une grande partie de ce problème ne vient pas des additifs artificiels, mais de discrètes modifications des nutriments dont notre organisme a besoin pour survivre.

Pour mieux comprendre ceci, il nous faut retourner à nos premières expériences sur les sauterelles dans leurs petites boîtes en plastique, dans notre laboratoire d'Oxford.

Le but de nos études sur les insectes en laboratoire était de comprendre les effets de différentes combinaisons de nutriments sur ces animaux. À l'époque, beaucoup de scientifiques, notamment des écologues, avaient déjà publié des théories sur ce sujet et réalisé des expériences pour les tester.

Mais il y avait encore beaucoup de controverses et de confusion, principalement pour la raison suivante : ils avaient utilisé des aliments naturels (par exemple, des feuilles de plantes), soit en mesurant leur consommation par les animaux dans la nature, soit en les fournissant aux animaux en laboratoire au cours de leurs expériences.

L'un des problèmes que cette méthode pose, c'est que la plupart des aliments contiennent une multitude de substances chimiques et qu'il est difficile de déterminer si un résultat de recherche est dû à un nutriment en particulier ou à un autre, ou encore à une combinaison spécifique de nutriments. Nous nous sommes rendu compte que c'était un obstacle majeur dans notre recherche.

C'est pourquoi, en élaborant notre première expérience sur les sauterelles, nous avons décidé d'éviter la complexité des plantes entières et de produire nos propres aliments expérimentaux, ce qui nous permettait de contrôler précisément leur composition. Nous y sommes parvenus en employant des ingrédients que nous avons commandés non pas à un fournisseur de denrées alimentaires, mais dans un catalogue de produits chimiques. Il s'agissait de produits extraits de sources diverses, purifiés et emballés pour être commercialisés, principalement à des fins de recherche scientifique, dans des boîtes indiquant leur formule chimique, leur degré de pureté et, dans certains cas, les matières premières dont ils étaient issus. On pouvait ainsi trouver du peptide bactériologique, de la caséine, de l'albumine d'œuf (les trois sont des protéines), du sucrose et de la dextrine (des glucides), de l'acide linoléique (un lipide), un assortiment de sels de Wesson (un mélange de vitamines), de la cellulose (fibre non digestible pour les humains) et de l'acide ascorbique (la vitamine C, qui joue également le rôle de conservateur). Armés de ces ingrédients, nous étions en mesure d'élaborer des formules précises et de tester leurs effets sur les insectes. Autrement dit, nous avions créé nos propres aliments ultra-transformés pour la recherche scientifique.

Nos expériences nous ont appris quelque chose d'intéressant. Plus nous en savions sur la manière dont les insectes réagissent à différents régimes, plus il nous était facile de manipuler leur physiologie pour produire des résultats que la nature n'avait pas prévus. Nous pouvions pousser les animaux à manger plus ou moins, à avoir envie de certains aliments mais pas d'autres, à grandir rapidement ou lentement, à être gras ou maigres, à se reproduire peu ou beaucoup, à vivre longtemps ou pas, à s'aventurer au loin ou à être casaniers et à boire plus ou moins d'eau. Comme nous l'avons également démontré plus tard grâce à notre expérience à grande échelle sur les souris (chapitre 8), nous étions en mesure d'obtenir toutes sortes de résultats en nous contentant de jouer sur les dosages nutritionnels dans la nourriture.

Et nous sommes parvenus à faire tout cela non pas en ajoutant aux aliments des substances chimiques aux noms mystérieux, mais en ajustant simplement les proportions de nos nutriments purs. Invariablement, les protéines étaient l'ingrédient-roi. En augmentant la proportion de protéines par rapport à celle de glucides, nous obtenions tel résultat chez nos sujets. En diminuant la quantité de protéines, nous en obtenions un autre. En changeant le mélange d'ingrédients – les protéines jouant un rôle central –, nous pouvions faire en sorte que les sauterelles mangent cinq fois plus, ou cinq fois moins qu'en temps normal. Le contrôle de leur régime nous donnait un pouvoir immense sur ces animaux.

Cela nous a fait réfléchir à l'alimentation humaine. Serions-nous aussi sensibles à de petits changements dans notre équilibre nutritionnel ? Et si c'était le cas, les protéines seraient-elles le facteur décisif, comme chez les sauterelles et d'autres espèces ? Voilà pourquoi nous avions été si enthousiastes lorsqu'une étudiante, Rachel Batley, nous avait soumis le projet de faire des expériences sur ses amis dans son chalet familial. Comme nous l'avons vu, nous autres humains sommes facilement manipulés par des variations dans la proportion de protéines présente dans notre alimentation. Cela peut modifier notre prise de lipides ou de glucides à un tel point que, si notre régime est trop pauvre en protéines, nous mangeons trop et nous devenons gros.

Mais certaines questions importantes restent sans réponse. Le fait que la quantité de protéines détermine la quantité de nourriture que nous ingérons lors d'une expérience n'implique pas nécessairement que c'est ce que nous ferions « dans la vraie vie », où nous choisissons nos aliments dans des rayons de supermarché ou d'après des livres de recettes et des menus de restaurant. C'est précisément pour cela que nous avons étendu nos recherches au comportement alimentaire des animaux en pleine nature, pour observer ce qu'il se passait lorsqu'ils étaient libres de leurs choix.

Et quand bien même nous aurions prouvé que la dilution des protéines expliquerait la consommation excessive de nourriture des humains dans leurs environnements alimentaires modernes, une question subsisterait : quels sont les aliments responsables de la dilution des protéines présentes dans notre régime ? Nous avions déjà répondu à cette question pour d'autres espèces – par exemple, nous savions que dans le cas des orangs-outans, c'étaient les fruits qui étaient responsables de cette dilution. Lorsque ces derniers sont disponibles, les orangs-outans sont obligés d'ingérer énormément de calories pour atteindre leur quota de protéines, ce qui leur fait prendre de l'embonpoint.

Alors qu'en était-il des humains ? C'est l'e-mail de Carlos qui allait nous mettre sur la voie.

Quelques mois après nous avoir contactés pour la première fois, Carlos et sa doctorante, Euri Martinez Steele, nous ont proposé de participer à leur analyse du régime alimentaire nord-américain. Ils travaillaient sur une immense base de données sur l'alimentation de 9 042 participants de l'étude officielle américaine nommée *National Health and Nutrition Examination Survey* (NHANES)*. Le but de cette analyse était d'observer l'effet de différents niveaux de consommation d'aliments ultra-transformés.

Pour ce faire, Euri et Carlos ont séparé les participants en quatre groupes, selon la proportion d'aliments ultra-transformés dans leur alimentation. L'alimentation quotidienne du groupe 1 était composée à 33 % d'aliments ultra-transformés. Un tiers ! Et c'était le groupe qui en consommait le moins. Le régime du groupe 2 contenait 49 % d'aliments ultra-transformés ; celui du groupe 3, 58 % ; celui du groupe 4, 67 % ; et le groupe 5 atteignait le niveau ahurissant de 81 % d'aliments ultra-transformés. Comme il s'agit de moyennes, cela signifie que de nombreux membres du cinquième groupe consommaient plus de 81 % d'aliments ultra-transformés. La moyenne américaine était de 57 % ; plus de la moitié de la nourriture ingérée par l'Américain moyen était donc ultra-transformée**.

La première fois que nous avons vu ces statistiques, nous avons été stupéfaits, mais nous y avons également vu une opportunité : nous pouvions construire un modèle afin de déterminer si les aliments ultra-transformés jouaient le même rôle chez les Américains que les fruits chez les orangs-outans

---

* Cette étude évalue la santé et les habitudes nutritionnelles des adultes et des enfants aux États-Unis. Menée en continu, elle étudie environ 5 000 adultes et enfants chaque année. En 2015-2016, 15 327 individus provenant de 30 endroits distincts aux États-Unis ont été sélectionnés au hasard. 9 971 d'entre eux ont accepté de participer (voir p. 257).

** En France, la proportion d'aliments ultra-transformés Nova 4 est de l'ordre de 30 % de l'apport énergétique, d'après l'étude nationale représentative ENNS (Santé publique France).

des forêts de Bornéo, en les conduisant à consommer beaucoup de calories pour atteindre leur quota de protéines.

Comme toujours, la première étape dans l'analyse des résultats a été de tracer un graphique avec les protéines en abscisses (à l'horizontale) et les glucides et les lipides en ordonnées (à la verticale). Les données formaient une ligne verticale presque parfaite, ce qui signifiait qu'au fur et à mesure que la part d'aliments ultra-transformés dans le régime augmentait, des groupes 1 à 5, le pourcentage de calories provenant des protéines diminuait de 18,2 % à 13,2 %. C'était exactement ce que nous avions observé dans l'alimentation des orangs-outans : la part de protéines était élevée lorsque les fruits étaient rares et faible lorsqu'ils étaient abondants, tandis que la quantité de protéines consommée restait identique. Autre point commun avec les orangs-outans : l'apport énergétique des humains augmentait parallèlement à la consommation d'aliments ultra-transformés, passant de 1 946 kcal (régime pauvre en aliments ultra-transformés) à 2 129 kcal (régime riche en aliments ultra-transformés). Et pourtant, tout comme chez les orangs-outans, l'apport en protéines restait constant. Ils continuaient tous à manger jusqu'à ce qu'ils atteignent leur quota de protéines.

Voilà qui donne à réfléchir. Cela pourrait signifier que les producteurs d'aliments industriels, consciemment ou pas, avaient progressivement réduit les quantités de protéines et provoqué ainsi la surconsommation de leurs produits chez les humains – tout comme la réduction du taux de protéines dans la nourriture expérimentale des sauterelles les avait poussées à manger davantage. C'est une stratégie d'une efficacité redoutable pour vendre un maximum de produits malsains, mais, comme l'avaient déjà démontré les analyses de Carlos, ce n'est pas une bonne nouvelle pour qui veut éviter l'obésité et d'autres pathologies pouvant conduire à une mort précoce.

Nos analyses, inspirées depuis longtemps par nos

expériences faites sur les sauterelles, puis étendues aux primates en milieu naturel, avaient permis un changement radical de regard sur l'épidémie d'obésité. Si les aliments ultra-transformés nous font grossir, ce n'est pas parce que nous sommes particulièrement attirés par les matières grasses et les glucides qu'ils contiennent, comme on le croit souvent. Nous grossissons plutôt parce que notre appétit de protéines est plus fort que notre capacité à limiter notre prise de matières grasses et de glucides. Ainsi, lorsque les protéines sont noyées dans les lipides et les glucides (comme c'est le cas dans les aliments ultra-transformés), notre appétit pour les protéines enraie les mécanismes qui nous feraient normalement arrêter de consommer des lipides et des glucides. Par conséquent, nous mangeons plus qu'il ne le faudrait et nous nous faisons du mal.

Cette révélation nous a apporté beaucoup de réponses, mais pas toutes. Nous nous demandions encore pourquoi il avait fallu tant de concoctions industrielles ésotériques pour nous rendre obèses, alors qu'il suffisait de fruits pour obtenir le même résultat chez les orangs-outans et autres primates. La réponse se trouvait une fois de plus dans nos expériences sur les animaux.

Dans notre récit des études sur les sauterelles et autres créatures, nous nous sommes concentrés principalement sur l'importance du rapport entre les protéines et les autres nutriments. Nous avons moins parlé d'un ingrédient qui n'est pas un nutriment du tout, mais qui joue aussi un rôle crucial dans le comportement alimentaire des animaux : les fibres.

Après les protéines, ce sont les fibres qui ont eu le plus d'effet sur le comportement alimentaire des insectes. Lorsque leur nourriture en contenait peu, toute augmentation en fibres conduisait les sauterelles à manger davantage. C'est parce que l'ajout de fibres *diluait* la quantité de protéines et de glucides, si bien que pour maintenir leur apport de ces deux nutriments, les sauterelles mangeaient encore plus, ce qui fait qu'elles mangeaient encore plus de fibres. Pas besoin d'être docteur en biologie pour imaginer ce que devenaient toutes ces fibres. Quelques heures après le repas, nous trouvions de petites boulettes d'excréments éparpillées aux quatre coins des boîtes. Plus il y avait de fibres dans leur nourriture, plus elles produisaient d'excréments. Les fibres rentraient d'un côté et sortaient de l'autre.

Mais au-delà d'un certain point, on observait un changement de tendance : dès lors qu'il y avait suffisamment de fibres dans l'alimentation, les animaux ne mangeaient pas davantage. Les fibres avaient apporté une forme de satiété ; les sauterelles avaient atteint le point où leur appareil digestif ne pouvait pas gérer plus de nourriture.

Mais qu'en est-il des orangs-outans et de notre propre espèce ? Les grands singes mangeaient des fruits jusqu'à être en surpoids, malgré toutes les fibres qu'ils ingéraient ainsi. Les humains, en revanche, ne mangent jamais de fruits au point d'en devenir obèses – ils y arrivent par d'autres moyens.

Il suffit d'une simple expérience pour le comprendre. Essayez de manger quatre pommes, les unes après les autres. La plupart des gens n'en mangent pas plus de deux avant d'abandonner. À présent, comparez cela au fait de boire le jus de quatre pommes – soit environ un grand verre plein. Vous n'aurez aucun mal à le finir, et il ne serait pas étonnant que vous en buviez volontiers un de plus. La différence, c'est qu'en extrayant le jus nous avons laissé de côté la plupart des fibres contenues dans la pulpe. C'est pour cela qu'il est si facile de consommer trop de calories sous forme de sodas ou d'autres boissons sucrées : elles glissent toutes seules sans déclencher notre mécanisme de satiété.

Les orangs-outans et nous sommes cousins dans la famille des primates, mais en ce qui concerne la consommation de fruits, il y a une différence majeure entre nous : comme beaucoup d'autres herbivores, les orangs-outans ont un appareil digestif adapté à la digestion de grandes quantités de fibres alimentaires – plus précisément, un énorme côlon en forme de sac. Non seulement ce volume supplémentaire dans leur appareil digestif leur permet de consommer plus de fruits riches en fibres que les humains avant d'arriver à satiété (ainsi que tous les sucres et lipides qu'ils contiennent), mais cette différence anatomique augmente également leur apport énergétique d'une autre manière. Le côlon des orangs-outans contient un immense microbiote composé de milliards de bactéries qui ont pour fonction de transformer les fibres en calories disponibles.

Les fibres sont la raison pour laquelle les fruits ne peuvent pas nous faire grossir comme les orangs-outans ; elles nous rassasient plus tôt, nous empêchent d'en manger autant qu'eux. Elles permettent aussi de comprendre pourquoi les aliments ultra-transformés, eux, nous font grossir. L'une des premières choses que les machines de l'industrie agroalimentaire suppriment des céréales et autres produits agricoles en les convertissant en amidon et en sucre, ce sont les fibres, qui ne sont jamais réintroduites dans le produit fini – ou éventuellement en très petite quantité. Comme nous l'ont appris les sauterelles, les souris, les orangs-outans et les jus de fruits, retirer les fibres des aliments revient à enlever le frein de notre appétit. Dès lors, on comprend mieux pourquoi l'obésité et les aliments ultra-transformés ont avancé la main dans la main ces dernières décennies.

Avant d'accuser les sauterelles de ne porter que de mauvaises nouvelles, il faut reconnaître qu'elles nous en ont aussi appris une bonne : lorsque nous avons manipulé leur régime en leur faisant consommer plus de glucides et de lipides, elles ont aussi absorbé au passage de plus grandes quantités de micronutriments (vitamines et sels minéraux) bons pour leur santé. Cet aspect positif pourrait-il se retrouver dans notre régime ultra-transformé ?

En théorie, oui. Mais en réalité, non. Les fibres ne sont pas les seules victimes du processus d'ultra-transformation des aliments : les micronutriments aussi. Les aliments ultra-transformés contiennent si peu de vitamines et de sels minéraux qu'en manger davantage ne permet pas d'arriver à des quantités significatives.

Un cynique pourrait conclure que le fait de réduire le taux de protéines dans les aliments ultra-transformés, puis de retirer les fibres pour augmenter la quantité que nous pouvons en manger est tout simplement une stratégie ingénieuse pour doper les ventes de ces produits. C'est possible, mais il y a une autre raison derrière la baisse du taux de protéines.

De quoi pourrait-il s'agir ? Nous avons étudié la question en collaboration avec le professeur Rob Brooks, de l'université de Nouvelles-Galles du Sud. Il n'y avait pas de sauterelles dans cette recherche – seulement un ordinateur et une connexion internet. Nous sommes allés faire des courses dans des supermarchés en ligne, à la fois aux États-Unis et en Australie, et nous avons rempli nos paniers virtuels de 106 produits disponibles dans les deux pays. Nous avons ensuite relevé le prix et le contenu nutritionnel de chaque aliment. Ces chiffres nous ont permis de calculer dans quelle mesure le prix de chaque aliment était associé à sa teneur en lipides, en glucides et en protéines.

Les résultats étaient les mêmes pour les deux pays : la teneur en lipides était peu associée au prix des aliments – chaque calorie supplémentaire due aux lipides n'entraînait qu'une toute petite augmentation du prix. En revanche, la quantité de protéines faisait nettement grimper le prix des produits. Et étonnamment, le taux de glucides était associé à une baisse du coût : plus les produits en contenaient, moins ils étaient chers. On comprend donc facilement ce qui pourrait pousser un producteur d'aliments transformés à se montrer avare en protéines, mais généreux en glucides et matières grasses : une réduction des coûts de fabrication. Et il y aurait un bénéfice supplémentaire : cela jouerait sur notre appétit, en nous poussant à manger avec excès.

Ces deux explications – la réduction des coûts et l'augmentation de la consommation grâce au levier protéique – pourraient suffire à expliquer pourquoi les aliments ultra-transformés contiennent peu de protéines et beaucoup de lipides et de glucides. Mais il y a un facteur encore plus puissant : le goût.

Une fois de plus, nos chères sauterelles illustrent bien le phénomène : lorsqu'on leur donne le choix entre un régime riche ou pauvre en fibres, elles optent pour celui qui en contient le moins. C'est parce que les fibres diluent les autres nutriments (les lipides, les glucides, les protéines, mais aussi le sel) et que ces nutriments jouent un rôle crucial dans le goût des aliments. Moins il y a de fibres, plus il y a de goût. Nos premiers travaux sur le goût des sauterelles ont démontré la chose suivante : lorsque nous augmentions la concentration des nutriments qui venaient stimuler les papilles des insectes, la fréquence à laquelle les signaux électriques atteignaient leur cerveau augmentait aussi, ce qui les poussait à manger davantage.

On comprend donc aisément en quoi la réduction du taux de fibres dans les aliments ultra-transformés profite aux producteurs : cela rend leurs produits plus appétissants.

Ainsi, l'effet que nous avions observé chez les sauterelles expliquait en partie l'une des plus grandes crises sanitaires de tous les temps : l'avènement des aliments ultra-transformés. Cela illustre la manière dont deux paramètres de notre alimentation – nos choix alimentaires et la quantité de chaque aliment que nous consommons – se combinent pour provoquer cette crise.

La présence de faibles teneurs en fibres et de forts taux de lipides et de glucides rend les aliments appétissants, ce qui nous incite à les choisir eux plutôt que des alternatives plus saines. Et en même temps, la faible teneur en protéines de ces aliments permet de les produire à bas coût. La combinaison «pas cher et pauvre en protéines et en fibres» nous pousse à manger avec excès : voilà ce qui explique le triomphe des aliments ultra-transformés.

Ces aliments jouent donc chez notre espèce un rôle comparable à celui des fruits chez les orangs-outans dans les forêts de Bornéo : ils représentent une source d'énergie abondante, pauvre en protéines, riche en lipides et en glucides – tout ce qu'il faut pour prendre du poids.

Il y a cependant des différences importantes. L'une est que les orangs-outans ont une très bonne raison de stocker du gras : quand il n'y a plus de fruits, ces réserves de graisse aident les grands singes à survivre à de longues périodes de carence énergétique. Les humains qui vivent dans un environnement alimentaire industrialisé ne connaissent pas ce manque, pour la plupart. Il n'y a pas de disette, donc aucun intérêt à faire des réserves de graisse, car nous consommons des aliments ultra-transformés à longueur d'année.

Autre différence : les orangs-outans ont eu des millions d'années pour s'adapter aux fruits qu'ils consomment, alors que les aliments ultra-transformés n'ont rien à voir avec ce que nos ancêtres ont mangé au cours de l'évolution de notre espèce. Ils sont pauvres en micronutriments et en fibres, et contiennent des centaines de substances chimiques qui ne sont pas faites pour être consommées en grandes quantités par des êtres humains (et devraient peut-être ne pas être consommées du tout). Les aliments ultra-transformés remplacent progressivement notre alimentation naturelle, avec des conséquences catastrophiques.

Nous en resterions volontiers là, mais l'histoire nous réserve un autre rebondissement : la transformation industrielle n'est pas la seule manière dont les protéines, les fibres et les micronutriments dans notre alimentation se retrouvent dilués dans des glucides supplémentaires. Ceci est dû à un processus qui s'est déroulé au cours des dix mille dernières années, depuis l'invention de l'agriculture – c'est l'une des conséquences de la domestication des céréales.

Un facteur encore plus inquiétant a été découvert récemment. L'élévation du taux de dioxyde de carbone (CO_2) dans l'atmosphère produite par notre activité industrielle a exactement le même effet que la domestication et que l'ultra-transformation : elle augmente le taux de glucides et diminue le taux de protéines, de fibres et de micronutriments dans nos cultures vivrières de base. Le mécanisme est simple : chez les plantes, le dioxyde de carbone est la matière première qui permet la capture de l'énergie du soleil et la production de sucre et d'amidon. Plus les plantes reçoivent de CO_2, plus elles produisent de sucre et d'amidon, et ces derniers diluent les protéines, les micronutriments et les fibres.

Les fabricants de produits alimentaires reconnaissent-ils qu'ils conçoivent des produits délibérément dans le but de nous pousser à la surconsommation ? Non. Ils disent qu'ils nous proposent simplement des produits appétissants, pratiques et bon marché, qui peuvent faire partie d'un régime équilibré s'ils sont consommés avec modération. C'est de notre faute si nous en abusons, avec pour résultat l'épidémie d'obésité que nous connaissons.

C'est ce qu'ils prétendent, mais de nombreux faits les contredisent.

LE CHAPITRE 11 EN BREF

1. La catégorie de nourriture qui porte la plus lourde responsabilité dans l'épidémie d'obésité et les maladies qui l'accompagnent est celle des aliments ultra-transformés, des produits industriels composés d'ingrédients fortement modifiés ou artificiels.
2. Les aliments ultra-transformés sont typiquement pauvres en protéines, en fibres et en micronutriments, et riches en lipides, en mauvais glucides et en exhausteurs de goût. Selon nos études sur les animaux, ce sont exactement les conditions qui entraînent une surconsommation de nourriture et des problèmes de santé.

→ Mais pourquoi nous laissons-nous si facilement tenter par une alimentation artificielle à laquelle notre organisme est si mal adapté ?

12

Un autre genre d'appétit

L'appétit pour les protéines joue un rôle majeur dans l'épidémie mondiale d'obésité, mais un autre appétit, qu'on ne trouve que chez notre espèce, tient un rôle encore plus important. De tous nos appétits spécialisés, c'est celui qui porte la plus lourde responsabilité dans la crise nutritionnelle actuelle.

Il s'agit de l'appétit financier.

Dans l'environnement alimentaire moderne, la nourriture est une marchandise dont dépendent des industries, des entreprises, des chaînes d'approvisionnement, des investissements et des carrières. Mais la nourriture se distingue des autres marchandises par plusieurs aspects cruciaux.

Premièrement, nous en avons tous besoin. Contrairement à la plupart de nos achats (nous pouvons choisir d'acheter des livres ou non, de posséder une voiture ou de nous déplacer en transports en commun, de louer plutôt que d'acheter un logement, etc.), la nourriture n'a pas d'alternative. Cela met l'industrie alimentaire dans une posture enviable : celle de vendre des produits dont tout le monde dépend.

Néanmoins, les producteurs de denrées alimentaires doivent tous relever un défi de taille : celui d'accroître leur part de marché. Pour les télévisions, les voitures, les yachts et les ordinateurs, c'est simple : il faut faire en sorte que davantage de clients en achètent, que les clients qui possèdent déjà un de ces produits en achètent un deuxième ou qu'ils en changent plus souvent. Il en va autrement de la nourriture. Tout le monde en consomme déjà, et nous ne pouvons pas en manger plus d'une certaine quantité. L'industrie agroalimentaire doit donc déployer d'autres stratégies pour prospérer et satisfaire ses investisseurs.

L'une de ces stratégies consiste à ajouter de la valeur aux produits afin d'augmenter la marge bénéficiaire. On transforme et on mélange des matières premières bon marché avec d'autres ingrédients, puis on transforme à nouveau le mélange obtenu, on le présente dans un emballage attrayant et on le vend à un prix largement supérieur à celui de ses ingrédients de base. La formule du journaliste Michael Pollan résume ce procédé à la perfection : il s'agit de « transformer quelques centimes de grains et de sucre en 5 dollars de céréales du petit déjeuner ».

Autre objectif tout aussi important : s'assurer que ces produits lucratifs soient compétitifs par rapport à ce que proposent les concurrents. Cette lutte pour les parts de marché est une force qui façonne notre environnement alimentaire. Il en résulte une course à l'armement dans laquelle chaque camp va toujours plus loin pour surpasser l'adversaire. Dans le domaine militaire, cela produit un monde de plus en plus dangereux. Dans celui des aliments transformés, on se contente de vaincre l'adversaire par le prix, l'ergonomie ou l'attractivité, mais le résultat final est parfois le même.

Petit rappel des stratégies employées dans la lutte pour les parts de marché. On ajoute des cocktails de produits chimiques pour améliorer la couleur, la texture, le goût, l'odeur, la durée de vie et autres caractéristiques des produits, et on injecte dans ces mixtures des matières grasses bon marché, des glucides et du sel. Les taux élevés de lipides et de glucides rendent non seulement les produits plus appétissants (surtout quand ils ont été dépouillés des fibres qui les rendaient plus fades), mais ils remplacent de surcroît les protéines, ce qui fait baisser leur coût de production.

Une stratégie consiste à amener un produit à sa saveur optimale – ce qu'on appelle le «point de félicité», ou Point F. En voici un exemple : à la demande de l'industrie agroalimentaire, le psychologue et mathématicien Howard Moskowitz a créé pas moins de 59 variétés de soda Dr Pepper et organisé 3 000 dégustations aux quatre coins des États-Unis. Les résultats lui ont permis d'identifier la formule précise correspondant au produit le plus savoureux. S'agissant de soda, l'un des ingrédients clés était le sucre. Pour d'autres produits, c'est plus complexe : il peut y avoir des mélanges de lipides, de sucres et de sel. Certains aliments contiennent aussi des arômes artificiels qui permettent à ces produits à bas coût à base d'amidon et de gras – par exemple les chips – d'avoir le goût d'aliments protéinés. Ce que tous ces produits ont en commun, c'est le fait d'être conçus pour être compétitifs tant au niveau du prix que du goût.

Une autre des méthodes les plus sûres pour gagner des parts de marché consiste à acheter ses concurrents. Voilà pourquoi les entreprises agroalimentaires sont devenues de moins en moins nombreuses et de plus en plus grandes. On ne s'en rend pas forcément compte en voyant la multitude de marques de produits transformés dans les rayons, mais il s'agit d'une diversité en trompe-l'œil. Quasiment tous ces produits sont fabriqués par l'un des neuf géants du secteur. L'un d'entre eux, Nestlé, possède plus de deux mille marques.

Les grandes entreprises ont des avantages importants sur leurs concurrentes de plus petite taille. Elles ont à la fois plus de clients et des coûts de production moindres, grâce aux économies d'échelle. Tout cela rend les aliments transformés extrêmement rentables. Dans son rapport annuel de 2017, Nestlé a déclaré des ventes représentant plus de 87 milliards de dollars. C'est plus que l'ensemble de l'activité économique (ou PIB) annuelle de 128 pays réunis. Seuls 63 pays ont produit cette année-là un ensemble de biens et de services supérieur au revenu de Nestlé. La même année, l'entreprise a déclaré 14,3 milliards de dollars de bénéfices – plus que le PIB de 71 pays.

Les neuf géants (les *Big Nine*) de l'agroalimentaire n'ont clairement aucun problème de revenus. Une telle richesse leur confère une immense influence sur notre environnement alimentaire et la capacité de changer notre manière de manger, pour le meilleur et pour le pire.

Parmi les méthodes qu'ils utilisent pour exercer cette influence, on retrouve la publicité, outil de conquête de notre esprit, de notre porte-monnaie et de notre estomac. Selon son rapport de 2017, PepsiCo a dépensé 2,4 milliards de dollars en publicité cette année-là. Et pourtant, elle a été surpassée par sa rivale, Coca-Cola, qui, selon le site notesmatic.com, en a dépensé 3,96 milliards. Le fournisseur d'informations de marché Statista signale que les coûts publicitaires de Nestlé ont été de 7,2 milliards de dollars en 2017. Pour mettre cela en perspective : en 2009, le total des dépenses de l'ensemble des agences américaines pour la recherche en nutrition a été de 1,5 milliard de dollars. Chacune de ces grandes entreprises dépense davantage pour influencer nos comportements alimentaires que le gouvernement américain ne dépense pour étudier les conséquences de cette influence.

Il existe de multiples stratégies ingénieuses et efficaces dans le marketing des produits transformés ; elles sont trop nombreuses pour qu'on les évoque toutes ici. Mais nous allons brièvement examiner deux d'entre elles : le marketing pour enfants et « l'effet de halo santé ».

Pour les entreprises agroalimentaires, les enfants sont une mine d'or. Tout d'abord, ils sont nombreux et ils ont un pouvoir d'achat étonnamment élevé. En 2015, il y avait 50 millions d'enfants de 11 ans ou moins aux États-Unis, et on estimait qu'ils avaient la main sur la somme alléchante de 1 200 milliards de dollars de dépenses alimentaires. Cette somme reflète en partie les achats directs des enfants, mais aussi leur pouvoir d'influence sur les décisions d'achats de leurs parents. Et ce n'est que le début. Ce qui fait par-dessus tout des enfants une cible de choix, c'est qu'ils acquièrent des goûts qu'ils vont souvent garder toute la vie et peut-être même transmettre à leurs propres enfants. Ce que mangent les enfants aujourd'hui façonne le régime de la population de demain, et toutes les entreprises agroalimentaires veulent jouer un rôle majeur dans ce processus.

Ceci explique pourquoi les entreprises agroalimentaires dépensent des sommes gigantesques en marketing pour enfants. La télévision est l'un des canaux par lesquels passe cette publicité. Les publicités télévisées sont d'une grande efficacité, en partie pour les raisons relevées dans un rapport de 2004 de l'American Psychological Association : les petits enfants ne font pas bien la différence entre les publicités et les émissions, si bien que la consommation de telle ou telle marque de produits bourrés de sucre, de sel ou de mauvais gras est associée au monde imaginaire qui les attire et les divertit. Quoi de plus efficace que d'intégrer un produit dans le monde imaginaire des enfants ?

Avec la baisse du temps passé devant la télévision et l'augmentation de celui passé devant les ordinateurs, notamment pour jouer à des jeux vidéo, la confusion entre publicité et divertissement est devenue encore plus flagrante. Désormais, les marchands de malbouffe intègrent leurs produits dans les jeux vidéo de telle manière qu'ils n'y sont pas seulement associés – ils en font partie. Le produit même est intégré à l'expérience ludique, et l'imaginaire est structuré autour de la nourriture. C'est particulièrement sournois, car les concepteurs peuvent décider comment l'enfant interagit avec le produit, ce qui forme des associations positives durables, voire une véritable « amitié » avec la marque. De tels jeux publicitaires sont un rêve de professionnel du marketing ; comme l'a fait remarquer un expert du domaine, ces jeux permettent aux entreprises de lier l'image de la marque avec « quelque chose que les gens font pour se détendre et s'amuser ; c'est une association très positive pour la marque ». Comme on pourrait s'y attendre, l'impact de cette forme de marketing sur les ventes – et sur les comportements alimentaires – est supérieur à celui de la publicité traditionnelle.

Bien qu'il soit difficile de mesurer directement l'effet d'un jeu publicitaire en particulier, moins de deux semaines après que la chaîne de restaurants de hamburgers Hungry Jack's a sorti son jeu vidéo en Australie, un porte-parole de leur agence publicitaire a déclaré : « L'opération a été un succès énorme, avec plus d'un million de téléchargements, et plusieurs millions de dollars de revenus supplémentaires. » Cela fait beaucoup de hamburgers, de frites et de milk-shakes.

Les enfants sont particulièrement vulnérables à ce genre de stratagème, car la partie du cerveau qui nous permet de résister à la tentation et d'inhiber nos comportements impulsifs n'arrive à maturité qu'à l'âge adulte. Les réactions impulsives existent aussi chez les adultes, bien sûr, mais ces derniers ont plus de chances de réfléchir – ne serait-ce qu'un instant – aux conséquences à long terme de leurs choix alimentaires sur leur santé. Les professionnels du marketing alimentaire le savent bien et ils en tiennent compte dans l'élaboration de leurs stratégies.

L'une des plus cyniques est celle de « l'effet de halo santé ». Compte tenu de l'augmentation de l'obésité et d'autres maladies liées à l'alimentation, beaucoup de gens sont devenus plus attentifs à leurs choix alimentaires. Les industriels – ceux-là mêmes qui sont à l'origine du problème – exploitent désormais cette préoccupation à grand renfort d'images, de termes et d'allégations qui associent santé et aliments transformés. Ils poussent ainsi des consommateurs pleins de bonne volonté qui recherchent des produits sains pour leurs enfants et pour eux-mêmes à consommer toujours plus d'aliments transformés malsains sans s'en rendre compte.

Comment font les publicitaires ? Quelque chose d'aussi bénin à première vue que la couleur de l'emballage peut avoir une influence. Une étude a démontré que lorsqu'on leur proposait exactement la même barre chocolatée, avec pour seule différence un encadré rouge ou vert pour présenter le nombre de calories, les consommateurs estimaient que la version « verte » était plus saine. Ce n'est donc peut-être pas une coïncidence si, dans le cadre de sa campagne sanitaire sur les doses quotidiennes de nutriments recommandées, l'entreprise Mars Incorporated a choisi un affichage vert sur l'emballage. Les représentants de l'entreprise ont expliqué avoir choisi le vert, car il répondait à « une nette préférence des consommateurs ». Le chercheur en communication de l'université Cornell Jonathon Schuldt fait l'hypothèse que cette préférence était due au fait que le vert sur l'emballage fait percevoir le produit comme plus sain.

Souvent, les emballages affichent également des mots ou des images qui évoquent le bien-être. Une étude australienne a analysé la présence d'images évoquant un bienfait pour la santé sur l'emballage de 945 boissons sucrées. Malgré leur taux de sucre élevé et leur faible intérêt nutritionnel, plus de

87 % de ces boissons présentaient des mots ou des images suggérant qu'elles étaient saines. La plupart affichaient des images ou des mentions de fruits, ou des mots comme *naturel, pur, brut, frais* ou *vrai*, que l'on associe à des aliments sains et complets. D'autres boissons vantaient explicitement leurs qualités nutritionnelles (*sans cholestérol, sans sucre ajouté, riche en vitamines...*) ou leur effet sur la santé (*bien-être, saine, etc.*). De nombreuses études ont montré que ce type d'associations pouvait augmenter la consommation des produits concernés. Une étude a démontré par exemple que les consommateurs prenaient plus de «gommes aux fruits» que de «bonbons à la gomme», alors qu'il s'agissait exactement du même produit. Lors d'une autre étude, des céréales de petit déjeuner contenant du «sucre de fruits» étaient perçues comme plus saines que celles contenant du «sucre».

Le marketing des aliments transformés regorge de ce genre de jeux sur les mots. Certaines marques de riz indiquent fièrement sur leurs paquets la mention «sans cholestérol» – alors que le riz ne contient jamais de cholestérol ! Tout comme certains bonbons affichent «moins de 1 % de matières grasses» en détournant ainsi notre attention du fait qu'ils sont pleins de sucre et de substances artificielles. Quant au mot «allégé», il peut désigner à peu près n'importe quoi : la couleur, le goût, la texture, la teneur en matières grasses... Le pain «multicéréales», quant à lui, n'est souvent que du pain blanc raffiné auquel on a ajouté quelques graines, ce qui ne le rend pas beaucoup plus sain. Et ainsi de suite. Pour le consommateur, la seule certitude dans le marketing des aliments transformés, c'est qu'il n'a pas vocation à informer le public, mais à le désinformer et à le manipuler.

Néanmoins, nous pouvons compter sur la législation et sur l'action des organismes de contrôle pour nous protéger. Du moins en théorie. La plupart des pays ont des lois contre la publicité mensongère et des groupes d'experts qui synthétisent la littérature scientifique pour formuler des recommandations nutritionnelles nationales. Mais en pratique, même ces dernières ne sont pas à l'abri de l'influence de la puissante industrie agroalimentaire.

Cette industrie a été à bonne école : elle a pu suivre l'exemple du secteur du tabac. En 1954, comme on commençait à faire connaître au public les preuves scientifiques du fait que le tabagisme provoque le cancer, l'industrie du tabac s'est réunie pour publier dans 488 journaux, dans 258 villes, un communiqué intitulé «*A Frank Statement to Cigarette Smokers*» («La vérité sans détour pour les fumeurs américains»). Ce document était conçu pour rassurer les fumeurs en leur assurant que «bien que ces expériences aient été menées par des médecins de renom, elles ne sont pas considérées comme concluantes», que «les recherches médicales de ces dernières années indiquent de nombreuses causes possibles du cancer du poumon», qu'«il n'est pas prouvé que le tabagisme soit l'une de ces causes», et que «nous sommes convaincus que les produits que nous fabriquons ne sont pas nocifs». Enfin, le texte garantissait au public que la santé passait «avant toute autre considération dans notre activité» et s'engageait sur un certain nombre de mesures pour le garantir.

En réalité, des enquêtes ultérieures ont montré que cette «déclaration sincère» avait été conçue par une agence de communication dans le but de mettre en doute les preuves scientifiques et de manipuler la perception publique des risques liés au tabagisme. Comme l'ont écrit les chercheurs Kelly Brownell et Kenneth Warner, «c'était une mascarade – la première étape d'un demi-siècle de campagne organisée pour cacher aux Américains les effets gravissimes du tabagisme». S'en sont ensuivies des décennies de tromperie et de stratagèmes pour saper le travail des scientifiques, manipuler les décisions politiques et mentir au public pour lui faire croire que les cigarettes étaient inoffensives. Cette stratégie fut élaborée avec beaucoup de soin. Pour citer l'ancien commissaire de l'agence américaine de sécurité sanitaire et alimentaire (la Food and Drug Administration) David Kessler :

> Élaborée dans les années 1950 et 1960, la stratégie de l'industrie du tabac a pris la forme d'un script rédigé par des avocats. Chaque cadre de l'industrie du tabac pouvant être amené à s'exprimer en public devait connaître ce script sur le bout des doigts, et devait le suivre à la lettre. Le postulat en était simple : il n'est pas prouvé que le tabac donne le cancer. « Pas prouvé, pas prouvé, pas prouvé » – cela devait être répété obstinément, inlassablement. Injecter le poison du doute, créer la controverse et toujours rester fidèle au plan. C'était simple, et ce fut efficace.

L'industrie du tabac n'est pas la seule à défier le consensus scientifique et à créer le doute. En 2012, l'American Beverage Association (le lobby américain de l'industrie des boissons non alcoolisées) affirmait que « les boissons sucrées ne font pas augmenter l'obésité » (cité dans le *Los Angeles Times* du 21 septembre 2012). La même année, une cadre supérieure de l'entreprise Coca-Cola, Katie Bayne, a fait cette déclaration ahurissante : « Il n'existe aucune preuve scientifique d'un rapport direct entre les boissons sucrées et l'obésité. » (*USA Today,* 8 juin 2012). Dans leur ouvrage très justement intitulé *Les Marchands de doute**, les historiens Naomi Oreskes et Erik Conway montrent en quoi la propagation de la méfiance à l'égard de la recherche scientifique est devenue une industrie à part entière. Le même genre de campagne

* *Les Marchands de doute. Comment une poignée de scientifiques ont masqué la vérité sur des enjeux de société tels que le tabagisme ou le réchauffement climatique,* trad. Jacques Treiner, Le Pommier, Paris, 2012.

est à l'œuvre en ce qui concerne les preuves scientifiques du réchauffement climatique, des effets des pesticides et autres fléaux contemporains d'origine humaine. Bien souvent, il s'agit non seulement de remettre en question les conclusions des scientifiques, mais de les manipuler activement.

Ici encore, rien de nouveau. Des documents internes de l'industrie du tabac révèlent qu'en 1954 le Tobacco Industry Research Committee reçut une lettre de Robert Hockett, directeur de recherche à la Sugar Research Foundation (organisme de recherche et de communication créé par l'industrie du sucre américaine). Il écrivait aux responsables de l'industrie du tabac pour leur annoncer qu'il avait mis au point une stratégie ingénieuse qui pourrait les intéresser. Il avait organisé dans des facultés de médecine, des hôpitaux et des universités des programmes de recherche qui « disculpaient le sucre de la plupart des chefs d'accusation qui avaient été montés contre lui ». Hockett fut engagé comme numéro deux de la direction scientifique de l'industrie du tabac.

Les articles scientifiques directement financés par les entreprises agroalimentaires ou l'industrie des boissons ont quatre à huit fois plus de chances d'aboutir à des conclusions favorables aux intérêts financiers de l'entreprise que les recherches indépendantes. C'est un processus complexe : le résultat peut être biaisé à différentes étapes de la recherche, comme celle de l'élaboration des questions posées, la conception de la recherche, la manière dont elle est menée et la décision de publier les résultats dans leur intégralité ou seulement en partie.

Comment les entreprises profitent-elles de ce doute jeté sur les recherches qui associent leurs produits à des problèmes de santé ? Il y a un bénéfice évident : rassurer les consommateurs qui risquaient de changer leurs habitudes de consommation. Personne ne veut mourir d'un cancer du poumon, du diabète, ni d'une maladie cardiaque.

Autre avantage de taille pour les entreprises : cela va à l'encontre des politiques de santé publique qui pourraient nuire à leurs intérêts financiers. L'une des manières d'atteindre cet objectif est le lobbying politique : des groupes industriels engagent des représentants (souvent d'anciens membres du gouvernement ou hauts fonctionnaires) afin d'obtenir l'accès aux décideurs et d'influencer la régulation de l'agroalimentaire conformément à leurs intérêts. Pour ce faire, il est essentiel de jeter le doute sur les résultats scientifiques défavorables ou d'en bricoler de plus favorables. En 2015, les industriels de l'agroalimentaire ont versé 32 millions de dollars à leurs lobbyistes – et ce fut, à n'en pas douter, un bon investissement. Ce genre d'influence rémunérée sur les décisions gouvernementales a fait des merveilles pour ce secteur industriel.

Prenons par exemple la manière dont la pizza est officiellement devenue un légume. Tout a commencé en 1982 lorsque, dans le but de tailler dans le budget des cantines scolaires tout en donnant l'impression de respecter les recommandations nutritionnelles, le gouvernement Reagan a tout fait pour que les condiments tels que les cornichons et le ketchup soient comptabilisés dans les portions de légumes.

En 2011, sous Obama, le ministère de l'Agriculture américain a tenté de revenir sur cette décision. Devant cette menace, l'industrie des aliments transformés a immédiatement réagi en investissant 5,6 millions de dollars dans une campagne de lobbying. Les deux entreprises qui ont dépensé le plus bénéficiaient de grands contrats pour distribuer des frites et des pizzas dans les cantines scolaires. Et elles ont réussi. Le Congrès a voté une loi empêchant le ministère de l'Agriculture de revenir sur la comptabilisation du coulis de tomate (sur les pizzas) et des pommes de terre transformées en frites dans le quota de légumes quotidiens. La presse a fait des gorges chaudes sur la façon dont le Congrès venait d'inclure la pizza dans la catégorie des légumes.

Il y a de quoi s'émerveiller quand on voit qu'un « régime équilibré » a fini par désigner en réalité un régime qui équilibre le souci de notre santé et celui des intérêts commerciaux de l'industrie agroalimentaire.

Tous les cinq ans, le ministère américain de l'Agriculture et celui de la Santé passent en revue la littérature scientifique sur les rapports entre l'alimentation et la santé. En se fondant sur les preuves ainsi recueillies, ces agences gouvernementales publient des recommandations nutritionnelles pour encourager les Américains à avoir une alimentation saine et équilibrée. Bien entendu, cela implique de consommer moins de certaines choses et davantage d'autres, ce qui paraît extrêmement simple. Pourtant, cela s'est avéré étonnamment compliqué.

De toute évidence, les recherches ne sont pas sans ambiguïté, mais globalement, ces agences font un travail remarquable pour identifier les aliments que les Américains devraient consommer davantage et ceux dont ils devraient plus souvent s'abstenir. Sans surprise, dans la colonne « davantage », on trouve les aliments végétaux peu transformés comme les fruits, les légumes, les légumineuses, les fruits à coque, les céréales complètes, et les sources de lipides saines comme les huiles végétales et les poissons gras. Les recommandations sont très claires sur ce point. Dans la dernière édition (2015-2020), par exemple, les six « recommandations essentielles » portent sur ces catégories.

Le problème, c'est que l'obésité et les pathologies associées ne peuvent pas être évitées en se contentant de manger *davantage* de certaines choses ; il faut aussi savoir ce qu'il faut *éviter* de manger en trop grande quantité. Mais, curieusement, les recommandations officielles restent très vagues sur ce point. Par exemple, aucun aliment n'est inclus dans la partie « Manger moins de… » des recommandations essentielles du guide 2015-2020. Tous les conseils de cette rubrique concernent des nutriments particuliers : sucres ajoutés, acides gras saturés, sodium (sel) et alcool. Ce ne sont pas de mauvais conseils : si les Américains réduisaient leur consommation de ces substances, ce serait un grand progrès pour la santé publique. Mais ces conseils ne sont pas particulièrement utiles dans la mesure où ils ne précisent pas quels *aliments* doivent être mangés en moindre quantité et être remplacés par des alternatives plus saines. Ce n'est pas comme si la recherche laissait encore le moindre doute à ce sujet. Parmi les aliments qui devraient être moins consommés par les Américains, on compte les produits industriels fortement transformés et la viande rouge – notamment sous ses formes transformées, elle aussi.

Cette méthode consistant à mettre surtout en avant ce dont il faut manger davantage n'est pas limitée à la version 2015-2020 ; c'est une caractéristique des recommandations nutritionnelles américaines officielles depuis leur première édition, en 1980. Nous sommes convaincus que l'origine de cette particularité n'est pas scientifique, mais politique. Le ministère de l'Agriculture, comme son nom l'indique, n'est pas une agence sanitaire : sa principale responsabilité est de superviser le secteur agricole. Cela implique de favoriser le développement rural, de superviser les programmes d'aides concernant certains produits agricoles et d'administrer les subventions qui garantissent la rentabilité des grandes monocultures. Parmi celles-ci, on trouve le maïs, qui alimente les grands élevages industriels et fournit la matière première d'une grande partie de l'industrie des aliments ultra-transformés. Comme l'a fait remarquer un journaliste, demander à l'agence responsable de l'agrobusiness de dire aux Américains ce qu'ils doivent manger, c'est demander au renard de surveiller le poulailler.

La raison pour laquelle on trouve des aliments précis dans la liste des choses à consommer davantage, mais pas dans celle des choses à consommer moins est donc la suivante : manger plus est une recommandation compatible avec les intérêts commerciaux du complexe agroalimentaire, alors que manger moins ne l'est pas. Et si le ministère de l'Agriculture vient par mégarde à l'oublier, on le lui rappelle immédiatement, comme on l'a vu lors de l'affaire de la pyramide alimentaire.

Dans les années 1980, l'agence du ministère de l'Agriculture chargée de ce genre de missions décida qu'il serait utile de créer un guide qui convertirait les apports recommandés en nutriments en un graphique, lequel illustrerait les conseils pratiques sur les aliments à privilégier et les quantités recommandées. L'équipe choisit une forme pyramidale, car les études de comportement des consommateurs avaient démontré que c'était celle qui faisait le mieux comprendre que certains aliments, ceux inclus dans la large base de la pyramide, étaient les plus importants pour un régime équilibré, tandis que ceux de la pointe devaient être consommés le moins possible. À chaque catégorie d'aliments correspondait un texte indiquant le nombre de portions recommandées par jour.

En février 1991, après plusieurs années de travail sur ce projet, dont des consultations approfondies avec des nutritionnistes, des interventions dans des colloques d'experts, et une vérification complète par le ministère, la pyramide et le rapport qui l'accompagnait sont partis à l'impression, pour une sortie en mars. Ses rédacteurs étaient tellement sûrs de sa publication imminente que la pyramide avait été commentée en long et en large dans les médias, et trente maisons d'édition avaient été prévenues afin de pouvoir l'intégrer dans leurs ouvrages scolaires ou universitaires.

Mais, comme le raconte le professeur Marion Nestle dans son livre *Food Politics*, tout fut annulé. La date de publication prévue passa sans que rien se produise, et en avril le ministère de l'Agriculture annonça que la pyramide avait été retirée. La raison invoquée par le ministère fut qu'il fallait encore la tester sur des adultes et des écoliers de milieux défavorisés. Des enquêtes ultérieures suggèrent qu'il n'en était rien : si la pyramide avait été retirée, c'est parce que les industries de la viande et des produits laitiers s'étaient plaintes de ce que la tranche de la pyramide qui leur était dédiée était trop étroite et qu'elle se trouvait juste en dessous des matières grasses et des sucreries. Les industriels réclamaient un graphique en forme de saladier donnant une plus grande impression d'équivalence entre les groupes d'aliments.

Un an plus tard, après une dépense de 855 000 dollars supplémentaires en recherches, la pyramide sortit enfin. Mais elle avait changé, d'une manière qui n'avait aucun rapport avec les études sur les consommateurs à faibles revenus. Le nombre recommandé de portions quotidiennes de viande et de produits laitiers était passé de « 2-3 » à « *au moins* 2-3 » et il était désormais affiché en gras.

Cette anecdote le prouve : l'industrie agroalimentaire possède un tel pouvoir qu'elle peut façonner aussi bien notre environnement alimentaire que les conseils que l'on nous donne afin de nous maintenir en bonne santé dans cet environnement.

Cela nous amène à la dernière stratégie utilisée par certains acteurs de l'industrie agroalimentaire, ainsi que par celle du tabac, dans leur quête inlassable de parts de marché. Il s'agit de la culpabilisation des victimes, en d'autres termes de faire porter aux consommateurs l'entière responsabilité des problèmes de santé qu'ils connaissent en consommant les produits incriminés.

En 1996, après qu'on eut découvert que même le tabagisme passif était cancérogène, une femme demanda publiquement au PDG du groupe de tabac et d'agroalimentaire RJR Nabisco, Charles Harper, s'il aimerait qu'on fume en présence de ses enfants et de ses petits-enfants. La réponse de M. Harper fut la suivante : « Je ne voudrais pas porter atteinte à la liberté de fumer de qui que ce soit, mais j'essaierais de les en dissuader », et il ajouta que « si les enfants n'aiment pas se trouver dans une pièce enfumée [...], ils la quittent ». La femme insista et fit remarquer qu'un nourrisson ne pouvait pas quitter la pièce, ce à quoi M. Harper répondit: «Au bout d'un moment, ils arrivent à ramper, vous savez? Et après, ils commencent à marcher.» Harper dit plus tard qu'en faisant une déclaration d'un ridicule évident, il avait espéré mettre en avant l'importance du rôle des parents dans cette histoire...

Dans le même genre, en 2002, lorsque le président de la National Restaurant Association, Steven Anderson, se vit poser une question sur le rôle des restaurants et des chaînes de fast-food dans l'épidémie d'obésité, sa réponse fut la suivante: «Ce n'est pas parce qu'on a l'électricité qu'on est obligé de s'électrocuter.»

Certes, M. Anderson avait raison. Mais il faut quand même se rappeler que parmi les 11 millions de personnes qui meurent de maladies liées à leur alimentation chaque année dans le monde, aucune ne cherche délibérément à se suicider en mangeant. Et on pourrait ajouter que notre usage des appareils électriques est sécurisé par un ensemble de lois et de normes qui n'ont pas été établies par les fabricants d'équipements électriques, mais par des experts indépendants œuvrant dans l'intérêt des usagers.

Peut-être que vous percevez mieux à présent pourquoi nous sommes si inquiets de voir les aliments ultra-transformés s'infiltrer dans les montagnes du Bhoutan et les rayons de supermarchés de l'île paradisiaque de Lifou. Les fabricants d'aliments ultra-transformés ont un pouvoir immense, qu'ils exercent dans leur quête insatiable des parts de marché. Ils s'y sont livrés avec une efficacité impressionnante, qui leur a permis de conquérir 57 % du régime de l'Américain moyen, tandis que la moitié de la population en consomme une part encore plus grande et qu'un cinquième y consacre 81 % de son régime. Nul besoin d'être devin pour savoir comment cela se termine: plus de maladies, plus de souffrance et plus de profits.

Comment pouvons-nous réagir à titre individuel? L'outil

que nous avons essayé de vous offrir jusqu'à présent est l'un des plus puissants qui soient : avoir conscience du problème. Une fois qu'on sait *pourquoi* les aliments ultra-transformés sont si appétissants, comment déjouer les mensonges de leur marketing et quels sont leurs effets sur la santé, on est mieux armé pour faire des choix alimentaires éclairés. Dans le dernier chapitre, nous irons plus loin en vous proposant des conseils pratiques pour vous y retrouver dans le redoutable environnement alimentaire contemporain.

Mais tout d'abord, il faut revenir à la biologie pour découvrir le dernier indice dans la résolution de notre mystère nutritionnel : un cercle vicieux.

LE CHAPITRE 12 EN BREF

1. Les grandes entreprises agroalimentaires ont mis au point des stratégies astucieuses pour s'assurer que leurs aliments ultra-transformés soient vendus et consommés en grandes quantités – peu importent les conséquences sur la santé publique.
2. Parmi ces stratégies, on trouve un marketing agressif qui cible notamment les enfants, et des étiquettes trompeuses qui font croire à des effets bénéfiques sur la santé ou qui dissimulent certains risques.
3. Les industriels de l'agroalimentaire ont aussi adopté certaines des stratégies développées par l'industrie du tabac, en déformant les résultats de recherches portant sur le danger de leurs produits et en influençant des mesures gouvernementales ou des messages de santé publique tels que les recommandations nutritionnelles nationales.

→ Comment résister à ces influences puissantes ?

13

La cible protéique et le cercle vicieux de l'obésité

Nous avons vu dans le chapitre précédent que le déluge moderne de produits ultra-transformés avait entraîné une diminution globale de la concentration de protéines dans notre environnement alimentaire. L'industrie a éliminé les fibres et remplacé les protéines par des glucides et des matières grasses bon marché et riches en calories. En conséquence, notre puissant appétit pour les protéines nous condamne à ingérer plus de calories que nécessaire. Cet appétit spécialisé, qui a pourtant évolué pour nous guider vers une alimentation optimale dans un environnement alimentaire ancestral, est devenu un problème. C'est déjà inquiétant en soi ; mais il y a un autre rebondissement dans cette histoire, et il aggrave les choses.

Quelque chose cloche dans l'épidémie d'obésité à l'échelle

mondiale. Si cette dernière est entièrement due au fait que les aliments et boissons ultra-transformés nous poussent à ingérer plus de calories, notre poids moyen devrait d'abord augmenter, puis se stabiliser. En effet, plus un organisme est lourd, plus il a besoin de carburant (environ 24 kcal supplémentaires par kilo), donc plus nous prenons de poids, plus nous brûlons de calories.

Pourtant, le poids moyen et le taux d'obésité n'ont pas cessé de grimper. Au cours des cinq dernières décennies, nous avons continué à manger plus qu'il ne le faudrait malgré l'augmentation de notre poids moyen, ce qui a entraîné une croissance continue de ce poids. Quelque chose nous pousse à consommer plus de calories que nécessaire, quel que soit notre poids. Et ce quelque chose – nos recherches le prouvent –, ce sont les protéines. En devenant plus lourds, nous n'avons pas seulement besoin de plus de calories ; nous avons besoin de plus de protéines. Pour comprendre ce phénomène, il nous faut appréhender le concept scientifique de *renouvellement protéique*.

Comme nous l'avons vu tout au long de cet ouvrage, tout être vivant possède une cible protéique – une quantité optimale de protéines à consommer tous les jours. Cet apport est nécessaire pour deux raisons. La première est un besoin en acides aminés mobilisés pour la croissance musculaire, la réparation des tissus et autres fonctions de l'organisme. La seconde est la vitesse à laquelle l'organisme décompose et perd ses protéines. C'est comme si l'on remplissait une baignoire qui fuit : plus on perd de protéines, plus il faut en remettre dans la « baignoire » pour maintenir le niveau souhaité.

Cette perte de protéines s'explique principalement par deux phénomènes. Premièrement, les tissus musculaires se dégradent naturellement et libèrent leurs acides aminés dans le flux sanguin. Ensuite, le foie utilise les acides aminés issus de la dégradation des tissus musculaires, ainsi que ceux issus de la digestion, non pas pour fabriquer de nouvelles protéines, mais pour produire du glucose – autrement dit, de l'énergie.

Normalement, la combinaison de ces deux processus ne s'observe qu'en temps de famine. Si le phénomène reste très rare, c'est parce que les protéines – contrairement aux tissus adipeux, les graisses, qui sont notre principale réserve d'énergie – ne sont pas stockées par notre organisme, si ce n'est dans nos muscles et autres tissus maigres. Puiser dans ces tissus est un dernier recours. C'est comme si l'on brûlait les meubles pour chauffer la maison : on ne le fait que s'il n'y a plus de bois à brûler et que l'on risque de mourir de froid.

Comme on pourrait s'y attendre, l'organisme possède un mécanisme qui lui permet de préserver les meubles tant qu'il n'est pas absolument nécessaire de les brûler. Il utilise pour cela un messager : l'insuline. Cette dernière bloque la dégradation des protéines dans les muscles et elle empêche le foie d'utiliser des acides aminés pour fabriquer du glucose. C'est un mécanisme ingénieux, car l'insuline est libérée dans le sang par le pancréas en réaction à l'élévation de la glycémie après chaque repas. L'hormone signale ainsi à l'organisme qu'il ne manque pas de glucose à brûler, et qu'il est donc inutile de dégrader les protéines et les acides aminés.

Mais même un mécanisme astucieux peut connaître de graves dysfonctionnements. Si un individu est en surconsommation chronique de calories et qu'il prend du poids, ses tissus deviennent de moins en moins sensibles à l'insuline ; on dit qu'ils deviennent *insulino-résistants*. Ils commencent à ignorer le signal de cette hormone. Par conséquent, le pancréas doit libérer davantage d'insuline pour produire le même effet. C'est le début du processus qui mène au diabète de type 2. Mais même avant d'en arriver à ce stade, c'est un problème en soi.

Tandis que les muscles deviennent moins sensibles à l'insuline, ils libèrent plus d'acides aminés issus de la dégradation de leurs protéines, et en même temps, le foie se met à transformer davantage d'acides aminés en glucose. Pour régénérer les muscles dégradés, il faut donc *consommer davantage de protéines*. Dans notre baignoire, la fuite s'est aggravée.

Nous voyons le résultat de ce processus de nos jours. La cible protéique de diverses populations s'est élevée de manière quasiment imperceptible, tandis que le poids moyen augmentait et que l'insulino-résistance devenait de plus en plus courante. Notre appétit pour les protéines nous a poussés à consommer toujours plus de calories, ce qui a encore fait augmenter notre indice de masse corporelle (IMC).

Voyez le tableau ci-dessous. Nous y avons dressé une liste de valeurs hypothétiques de la cible protéique, de 55 à 100 g par jour, soit une différence de 45 g, ou 180 kcal. Cette modeste augmentation de l'apport en protéines nécessiterait de consommer pas moins de 1 200 kcal de plus par jour dans un régime à 15 % de protéines !

Cible protéique (g/jour)	Nombre de calories nécessaires pour un régime comprenant un taux de protéines de :					
	10 %	12 %	15 %	17 %	20 %	25 %
55	2 200	1 833	1 467	1 294	1 100	880
60	2 400	2 000	1 600	1 412	1 200	960
65	2 600	2 167	1 733	1 529	1 300	1 040
70	2 800	2 333	1 867	1 647	1 400	1 120
75	3 000	2 500	2 000	1 765	1 500	1 200
80	3 200	2 667	2 133	1 882	1 600	1 280
85	3 400	2 833	2 267	2 000	1 700	1 360
90	3 600	3 000	2 400	2 118	1 800	1 440
95	3 800	3 167	2 533	2 235	1 900	1 520
100	4 000	3 333	2 667	2 353	2 000	1 600

Un petit changement dans l'apport de protéines entraîne un grand changement dans la quantité d'énergie consommée.

L'effet est encore plus spectaculaire dans un régime moins riche en protéines. Voyez, par exemple, la quantité d'énergie nécessaire pour passer de 55 à 100 g de protéines pour un régime à 12 % de protéines : il faudrait passer de 1 833 à 3 333 kcal, donc ingérer 1 500 kcal supplémentaires.

Vous comprenez à présent pourquoi en combinant une élévation de la cible protéique et une baisse du taux de protéines dans l'alimentation moderne, nous obtenons un effet catastrophique sur notre silhouette.

Notre besoin en protéines ne change pas seulement en fonction de notre sensibilité à l'insuline. Il varie de la naissance au grand âge, selon notre mode de vie et plusieurs autres facteurs. Serait-il possible de quantifier l'évolution de la cible protéique humaine et d'évaluer son importance pour notre santé ? La réponse est oui : c'est précisément ce que nous avons fait, en collaboration avec nos collègues pédiatres et diététiciens.

C'était en septembre 2010. Steve venait de donner une conférence dans un colloque d'endocrinologie pédiatrique à Perth, en Australie. Juste après la conférence, deux membres de l'auditoire ont souhaité discuter avec lui des possibilités de recherches en commun. Le professeur Roger Smith, de l'université de Newcastle, au nord de Sydney, était intrigué par notre travail sur les myxomycètes et se demandait comment s'en servir pour ses recherches sur le développement du placenta au cours de la grossesse. Il voulait aussi savoir si notre géométrie nutritionnelle pouvait l'aider à analyser les résultats d'une étude sur les femmes enceintes et leurs nouveau-nés. Ce projet était passionnant – et plus facile que la comparaison des myxomycètes et du placenta humain.

Un autre membre de l'auditoire, le pédiatre Matt Sabin, de Melbourne, avait une proposition tout aussi stimulante. Il se demandait si nous pouvions l'aider à analyser ses données sur l'alimentation d'enfants et d'adolescents afin de voir si le levier protéique pouvait expliquer l'obésité chez ces groupes démographiques.

Grâce à Roger, nous avons ensuite rencontré une doctorante, Michelle Blumfield, et sa directrice de recherche, le professeur Clare Collins, chercheuse en diététique à Newcastle. Elle nous a parlé de leur étude intitulée *Women and Their Children's Health* (WATCH), dans laquelle 179 femmes avaient été suivies au cours de leur grossesse. L'équipe de recherche avait relevé l'alimentation et l'état de santé des mères, puis analysé le taux de graisse corporelle de leurs nouveau-nés. L'idée était de réévaluer la santé des enfants quand ils auraient 4 ans.

Nous avons commencé par les deux questions suivantes : y a-t-il des preuves de l'existence du levier protéique chez les mères ? Et quel est l'effet de leur alimentation sur la constitution de leurs bébés ?

L'apport énergétique global des mères, ainsi que leur IMC, augmentait au fur et à mesure que le taux de protéines dans leur alimentation diminuait – exactement comme le prédisait notre théorie du levier protéique. C'était particulièrement prononcé lorsque leur régime contenait moins de 16 % de protéines et plus de 40 % de lipides.

Lorsque nous avons projeté la composition corporelle des bébés et l'alimentation de leur mère sur un même graphique, deux motifs sont apparus. Premièrement, les bébés de femmes dont l'alimentation contenait moins de 16 % de protéines avaient nettement plus de graisse abdominale que ceux dont la mère avait eu un régime plus riche en protéines. Deuxièmement, le taux de bonne graisse corporelle des bébés (mesuré au niveau de la cuisse) était au plus haut quand la consommation de protéines de leur mère se situait dans une fourchette précise : entre 18 % et 20 %. Au-delà de 20 % de protéines, les bébés naissaient de plus en plus maigres (ce qui n'est pas forcément une bonne chose) ; et en dessous de 18 %, les bébés développaient de la graisse abdominale au lieu d'être simplement potelés comme des bébés en bonne santé.

La bonne graisse sous-cutanée, en particulier au niveau des bras et des jambes, est une caractéristique des nourrissons en bonne santé. En revanche, la graisse abdominale en grande quantité est un signe inquiétant. Lorsque les enfants ont été réexaminés à 4 ans, notre inquiétude s'est confirmée : les enfants des femmes qui avaient eu une alimentation pauvre en protéines pendant leur grossesse avaient une pression artérielle plus élevée que les autres.

La conclusion des données recueillies par Michelle et Clare était évidente. Pendant la grossesse, les femmes auraient intérêt, pour leur santé et celle de leur bébé, à adopter une alimentation contenant 18 % à 20 % de protéines combinées avec des glucides et des lipides sains. Autre fait important : les apports en micronutriments étaient les meilleurs chez les mères dont le régime contenait 18 % à 20 % de protéines combinés avec peu de lipides (30 %) et beaucoup de glucides (50 %). Il semble que cette combinaison de macronutriments corresponde à un régime comprenant des aliments variés d'origine végétale et animale qui, à leur tour, contenaient une saine combinaison de vitamines et de sels minéraux.

Un nourrisson a très peu de choix alimentaires à sa disposition : il doit se contenter du sein gauche et du sein droit. S'il est allaité, il suit un régime pauvre en protéines (environ 7 %), avec 55 % de glucides (principalement du lactose) et 38 % de lipides. C'est le régime le plus pauvre en protéines que nous ayons dans notre vie, à moins de connaître la famine. Mais nous savons que c'est le régime optimal pour un nourrisson jusqu'au sevrage. C'est le cas chez tous les primates, pour une raison intéressante : avec nos gros cerveaux et nos vies sociales complexes, il nous faut une longue enfance pour assimiler tout ce que nous aurons besoin de savoir en tant qu'adultes. Un lait pauvre en protéines nous permet cela en ralentissant notre croissance.

Le lait maternel est optimal pour une autre raison : les études ont montré que les bébés élevés au lait maternisé connaissent un plus grand risque d'obésité plus tard dans leur vie que ceux qui sont allaités. Beaucoup de laits maternisés contiennent plus de protéines que le lait maternel. Des expériences dans lesquelles des nourrissons ont reçu du lait maternisé riche en protéines (11 % au lieu de 7 %) ont donné le même résultat : ces bébés avaient un risque nettement plus élevé de devenir obèses au cours de leur première année, lors de leur scolarité, et même en tant que jeunes adultes. C'est pourquoi les principaux fabricants de lait maternisé produisent à présent des formules moins riches en protéines.

Mais pourquoi un lait trop riche en protéines favorise-t-il l'obésité plus tard dans la vie ? N'est-ce pas le contraire de ce que nous avons observé jusque-là, à savoir que les aliments ultra-transformés stimulaient l'obésité parce qu'ils étaient particulièrement *pauvres* en protéines ?

Personne ne sait vraiment. Peut-être est-ce parce qu'un régime trop riche en protéines au début de la vie fixe la cible protéique des enfants à un niveau plus élevé qu'il ne le faudrait. Et si leur cible protéique est trop haute, ils devront consommer trop de calories pour l'atteindre avec une alimentation moderne pauvre en protéines – à condition que le levier protéique soit aussi prononcé chez les enfants que chez les adultes.

Matt Sabin, Christoph Saner et leur équipe du Murdoch Children's Research Institute avaient recueilli les données d'enfants et d'adolescents souffrant d'obésité suivis dans le cadre de l'étude COBRA (*Childhood Overweight BioRepository of Australia*). Lorsque nous les avons aidés à analyser les résultats de leur étude, une conclusion évidente est apparue. La gravité de l'obésité infantile était clairement associée au rapport entre la quantité de protéines et de calories consommées. La baisse du taux de protéines dans l'alimentation était accompagnée d'une augmentation du nombre de calories consommées et de l'IMC, tout comme nous l'avions observé chez les adultes. On retrouvait bien l'effet du levier protéique chez les enfants et les adolescents.

Et ce n'est pas tout. Les enfants et les adolescents ont besoin de beaucoup de protéines et d'énergie pour leur croissance et leur activité physique. Tout parent sait à quel point il est difficile de satisfaire leur appétit vorace. Mais l'excès de temps passé assis devant un écran d'ordinateur associé à l'augmentation de la consommation d'aliments et de boissons ultra-transformés a un effet désastreux sur leur santé. Et c'est encore pire si leur cible protéique a été fixée à un niveau trop élevé durant leurs premières années.

Chez les jeunes adultes, les caractéristiques héritées de l'enfance sont encore présentes et s'ajoutent aux expériences plus récentes. Sur l'ensemble de la planète, la tranche d'âge comprise entre 20 et 30 ans est celle au cours de laquelle nous prenons le plus de poids. Quitter le domicile parental, devenir indépendant, entamer une carrière, établir de nouvelles relations… Tout cela fait que nous avons du mal à manger sainement, à bien dormir et à avoir une activité physique régulière. En sortant de l'adolescence, on se met à brûler moins d'énergie ; on a donc besoin de moins de calories issues des lipides et des glucides, mais on conserve la même cible protéique. Cela peut nous pousser à manger plus qu'il ne le faut et à nous engager sur la pente de l'obésité.

Les effets de l'obésité chez les jeunes hommes et les jeunes femmes peuvent même se manifester à travers les générations en modifiant l'expression de gènes chez le bébé au cours de son développement. Nous portons tous l'empreinte du mode de vie de nos parents, voire de nos grands-parents, sous la forme de ces marqueurs épigénétiques. On sait que l'ovule maternel transmet ces marqueurs à l'organisme du bébé, mais de plus en plus de preuves indiquent que même les spermatozoïdes peuvent transporter des messages moléculaires qui reflètent l'alimentation du père, lesquels sont transmis à l'œuf fécondé, ce qui influence la santé de l'enfant dès la naissance. On ne sait pas encore si ces marqueurs épigénétiques fixent la cible protéique du nouveau-né, mais si c'est le cas, les conclusions sont évidentes.

Au cours de la grossesse, la cible protéique de la mère s'élève pour répondre aux besoins du fœtus en pleine croissance. On recommande aux femmes enceintes de consommer 20 g de protéines supplémentaires par jour (environ 30 % de plus que d'habitude) au cours du deuxième et du troisième trimestre de grossesse. Le besoin d'énergie augmente, lui aussi – d'environ 350 kcal (un cinquième de plus que d'habitude). Atteindre ces objectifs nutritionnels revient à augmenter légèrement – mais pas trop – le taux de protéines dans l'alimentation tout en évitant de consommer trop de glucides et de matières grasses.

À l'âge mûr, entre 40 et 65 ans environ, une alimentation moins riche en protéines (entre 10 % et 15 %), plus riche en glucides (mais des glucides sains) et contenant une quantité modérée de bons lipides favorise la bonne santé et freine le processus de vieillissement. L'intérêt des bons glucides est de ralentir la vidange des intestins grâce aux fibres qu'ils contiennent, d'augmenter la sensation de satiété, d'alimenter le microbiote et de permettre une bonne santé intestinale. Ce type de régime comprend des quantités modérées de viande maigre, de volaille, d'œufs, de poisson, de produits laitiers et de fruits à coque, de grandes quantités de légumes, de fruits, de légumes secs et de céréales, et des quantités modestes de bons lipides tels que l'huile d'olive.

Mais ensuite, au troisième âge, à partir de 65 ans environ, nous avons de nouveau un besoin accru de protéines, car notre organisme perd peu à peu la capacité de les conserver : avec l'âge, il y a de plus en plus de fuites. On constate une tendance croissante à la dégradation des protéines des tissus maigres et à leur transformation en glucose dans le foie ; c'est l'une des raisons pour lesquelles la fonte musculaire est caractéristique du grand âge. Un régime contenant 18 % à 20 % de protéines a de bonnes chances de répondre à ce besoin supplémentaire tout en évitant un excès de calories.

Nous avions observé le même phénomène chez nos souris du chapitre 8. Notre collègue Alistair Senior avait montré que le taux de mortalité de ces souris était au plus haut lorsqu'elles avaient un régime riche en protéines et pauvre en glucides en milieu de vie, mais qu'un apport de protéines plus élevé leur était bénéfique à un âge avancé.

Nous avons vu de quelle manière la cible protéique change au cours de la vie et peut être fixée très tôt – avant même la naissance. Ce constat est particulièrement intéressant car, s'il est confirmé qu'une cible protéique trop élevée entraîne l'obésité, cela expliquerait des phénomènes de première importance qui sont encore mal compris, comme le fait que les populations indigènes, telles que les Amérindiens, les aborigènes d'Australie, les insulaires du détroit de Torrès, les Maoris de Nouvelle-Zélande et d'autres peuples des Premières Nations, soient particulièrement sujettes à l'obésité quand elles adoptent une alimentation riche en aliments transformés. C'est peut-être parce qu'elles avaient encore récemment une alimentation traditionnelle riche en protéines. Une population correspond particulièrement bien à ce schéma : les Inuits du cercle polaire. Ces derniers sont parmi les populations les plus susceptibles de devenir obèses lors du passage au régime occidental ; or leur régime traditionnel est l'un des plus riches en protéines que l'on trouve dans l'histoire récente de l'humanité (plus de 30 % de protéines).

Voici donc une vérité qui s'impose désormais comme une évidence : plus notre cible protéique est élevée, plus nous devons manger pour l'atteindre. Plus notre alimentation est riche en matières grasses et en glucides et pauvre en fibres, plus nous ingérons de calories. Lorsque nous ne brûlons pas les calories excédentaires, nous prenons du poids et courons le risque de devenir insulino-résistants. Quand c'est le cas, nous nous retrouvons pris dans un cercle vicieux engendré par notre appétit pour les protéines, qui nous pousse à prendre toujours plus de poids dans un environnement alimentaire moderne facteur d'obésité. Comment en sortir ?

LE CHAPITRE 13 EN BREF

1. Les besoins en protéines et en énergie dépendent de l'âge et du mode de vie, mais notre cible protéique est déterminée par des facteurs extrêmement précoces et même par le mode de vie de nos parents avant notre naissance.
2. Plus notre cible protéique est élevée, plus nous avons besoin de manger pour l'atteindre. Lorsque notre alimentation est pauvre en fibres et riche en énergie, cela veut dire qu'une surconsommation de calories est inévitable pour atteindre la cible protéique, ce qui augmente le risque d'obésité et d'insulino-résistance, signe avant-coureur du diabète.
3. L'insulino-résistance entraîne davantage de destructions des protéines, ce qui augmente encore notre besoin protéique et engendre un cercle vicieux qui mène à la suralimentation, à une prise de poids continue, au développement du diabète de type 2, aux maladies cardio-vasculaires et autres problèmes de santé.

→ Comment échapper à ce cercle vicieux?

14

Conclusion : de la théorie à la pratique

« Il faut tout rendre aussi simple que possible, mais pas plus simple que cela », écrivit Einstein. C'est la consigne que nous avons tâché de suivre dans nos efforts pour comprendre la nutrition.

La première étape de notre périple scientifique, nos recherches sur l'alimentation des sauterelles, a remis en question un point de vue simpliste largement partagé selon lequel les animaux auraient un appétit unique qui serait le moteur de tous leurs apports alimentaires. Nous avons appris que les choses sont plus complexes que cela ; et pour appréhender cette complexité, nous avons inventé un nouveau concept, une nouvelle manière de comprendre comment et pourquoi nous mangeons, que nous avons appelé la *géométrie nutritionnelle*.

Qu'est-ce que la géométrie peut bien avoir à faire avec l'alimentation ? Elle nous a servi à explorer et visualiser les relations entre les différents appétits des sauterelles, chacun correspondant à un nutriment particulier. Finalement, nous avons réussi à démontrer que, de tous les appétits, c'est celui pour les protéines qui a la plus grande influence sur le comportement alimentaire. Les sauterelles font tout leur possible pour obtenir précisément la quantité de protéines nécessaire à leur bon développement – ni trop ni trop peu.

Cette découverte est l'une des plus importantes que nous présentons dans ce livre, et elle n'a cessé de nous guider depuis : le puissant appétit pour les protéines que partagent la plupart des animaux peut les pousser à consommer trop ou trop peu d'autres nutriments, dont les lipides et les glucides. Si leur appétit pour les protéines n'est pas satisfait, ils continuent à manger, quitte à manger trop. Une fois le quota de protéines atteint, leur appétit cesse de les exhorter à manger.

C'est l'explication la plus simple que l'on puisse donner de la nutrition sans tomber dans le simplisme.

Après avoir fait ces découvertes, nous étions prêts à relever le principal défi : cette théorie allait-elle nous permettre de comprendre pourquoi la nutrition connaît de nos jours un si grave dysfonctionnement chez l'espèce la plus complexe de toutes, la nôtre ? Les principes qui s'appliquaient si bien aux sauterelles dans leurs boîtes en plastique fonctionneraient-ils aussi bien chez nous, compte tenu du choix immense d'aliments qui s'offrent à nous dans les quantités que nous voulons ?

La réponse est oui. Nous avons parcouru les îles, les montagnes, les déserts et les villes, et étudié des espèces aussi variées que les myxomycètes (les fameux « blobs »), les singes, les sauterelles et les étudiants, et nous avons découvert que la nutrition humaine n'était pas plus compliquée que celle des autres créatures qui peuplent la planète. Nous aussi, nous possédons un puissant appétit pour les protéines qui détermine ce que nous mangeons et en quelle quantité.

Mais des changements radicaux dans notre environnement alimentaire, notamment le remplacement de régimes traditionnels équilibrés par des aliments ultra-transformés, ont déséquilibré notre alimentation et nous ont poussés à manger trop et mal. L'épidémie mondiale d'obésité, de diabète et de maladies cardio-vasculaires que nous connaissons actuellement est le résultat direct de cette transformation de l'offre alimentaire.

Nous devons beaucoup à ces modestes sauterelles qui nous ont permis de changer de regard sur la nutrition et qui ont initié une vie entière de recherches consacrées à l'application de cette nouvelle vision à l'ensemble du monde naturel, y compris nous-mêmes.

Mais qu'est-ce que cela implique pour vous, chers lecteurs ? Nous espérons que les leçons que nous avons tirées de nos recherches pourront contribuer à vous guider vers des choix alimentaires sains et raisonnés. C'est pourquoi nous avons élaboré un résumé de nos arguments principaux, ainsi que quelques exemples pour vous montrer comment tout cela peut être mis en pratique.

Ce que nous savons

1. Il existe un appétit universel spécifique pour les protéines. Cet appétit a évolué pour permettre à tous les animaux d'atteindre leur quota de protéines quotidien. Lorsque les animaux ont besoin de protéines, ils ressentent une faim particulière pour ce qui en a le goût. Lorsque nous, humains, manquons de protéines, le goût *umami,* caractéristique de la viande cuite et autres aliments protéinés, devient irrésistible.
2. L'appétit pour les protéines collabore avec plusieurs autres appétits, dont ceux pour les glucides, les lipides,

le sodium et le calcium, afin de guider les animaux vers une alimentation saine et équilibrée.

3. Ce système de guidage a évolué dans des environnements alimentaires naturels, où il existait des corrélations fiables entre tous les nutriments contenus dans la nourriture, si bien que réguler l'apport de cinq nutriments suffisait pour garantir un apport équilibré de tous les autres nutriments, qui y étaient naturellement associés.
4. Mais même dans la nature, certains aliments se font parfois rares et il devient impossible d'avoir une alimentation équilibrée. Dans ces circonstances, les appétits entrent en concurrence les uns avec les autres au lieu de coopérer.
5. Chez les humains et diverses autres espèces (mais pas toutes), c'est l'appétit pour les protéines qui l'emporte dans cette compétition. Ainsi, il détermine l'ensemble de notre comportement alimentaire.
6. Lorsque notre environnement alimentaire contient trop peu de protéines, nous mangeons trop afin de satisfaire notre appétit de protéines. Inversement, si la proportion de protéines dans l'environnement est supérieure à nos besoins, notre appétit est rapidement satisfait et nous consommons moins de calories que nous le pourrions.
7. Cela ne veut pas dire qu'il est toujours préférable de manger plus de protéines – loin de là. Les organismes, des levures aux mouches et des souris aux singes, ont évolué pour *éviter* la surconsommation de protéines, pour de bonnes raisons, dont la principale est la suivante : la surconsommation de protéines déclenche des processus biologiques qui précipitent le vieillissement et raccourcissent la durée de vie.
8. Notre aptitude à équilibrer notre alimentation est mise

en péril par l'industrialisation de la production alimentaire. Nous avons :

- rendu des aliments transformés, pauvres en protéines, extrêmement appétissants en y ajoutant sucres, sel et autres appâts chimiques ;
- dilué les protéines dans une masse de lipides et de glucides bon marché ;
- désactivé le frein de notre appétit en réduisant notre apport en fibres – alors qu'elles favorisent la satiété et alimentent notre microbiote intestinal ;
- transformé les cultures culinaires dans le monde en promouvant activement ces produits, y compris auprès des enfants, pour les faire entrer dans nos habitudes alimentaires ;
- augmenté la production animale de manière insoutenable pour satisfaire partout l'appétit pour la viande, avec pour conséquence des dégâts considérables pour l'environnement ; et
- provoqué la baisse du taux de protéines dans nos cultures agricoles de base en augmentant le niveau de dioxyde de carbone dans l'atmosphère.

Cette liste a de quoi inquiéter. Elle nous montre que nous avons créé autour de nous un environnement alimentaire incompatible avec notre physiologie. Mais il y a une bonne nouvelle : nous en savons désormais assez pour commencer à résoudre ces problèmes, en travaillant *avec* et non plus *contre* notre biologie.

Prenons le cas de Mary.

Le cas de Mary : une histoire, deux conclusions

Mary a 45 ans, elle est mère de deux adolescents. Elle a

un niveau d'activité physique modéré, qui consiste surtout à répondre à la fois aux impératifs du travail, de la famille et de la maison, mais elle s'est également inscrite dans une salle de gym depuis un an et elle essaie de suivre un cours par semaine. Elle a peur de prendre du poids et elle fait de son mieux pour maintenir son IMC autour de 25 (au-delà, elle serait officiellement en surpoids, comme les deux tiers des adultes en Australie, où elle vit). Comme Mary mesure 1,60 m et pèse 64 kg, son IMC est exactement de 25 à l'heure actuelle. (On calcule l'IMC en divisant son poids en kilos par le carré de sa taille en mètres. De nombreux sites web font ce calcul automatiquement.)

Quelle est la cible protéique de Mary? Cela peut s'estimer de plusieurs manières; prenons-en une facile. Nous savons que, compte tenu de son âge, pour manger sainement, Mary devrait consommer 15 % de ses calories sous forme de protéines. Nous pouvons estimer le nombre de calories dont elle a besoin tous les jours de manière assez fiable à l'aide de la formule de Harris et Benedict, un chimiste et un physiologiste qui publièrent leur méthode en 1919. On trouve sur Internet divers calculateurs qui utilisent cette formule basée sur le poids, la taille, le sexe, l'âge et le degré d'activité. Tapez vos chiffres, et la formule vous livrera une estimation raisonnable de vos besoins énergétiques – le nombre de calories que vous devez consommer tous les jours pour réaliser toutes vos activités et rester au même poids.

Selon cette formule, Mary a besoin de 1 880 kcal par jour. Si elle s'y tient, elle ne prendra pas de poids et n'en perdra pas non plus.

15 % de 1 880 kcal, cela fait 282 kcal: c'est la quantité de calories que Mary doit consommer sous forme de protéines. Comme les protéines contiennent 4 kcal par gramme, cela revient à 70,5 g de protéines à répartir dans chaque journée. Les 1 600 kcal restantes devront provenir d'une combinaison de glucides et de lipides. Mais ne nous préoccupons pas de cela pour l'instant.

À quoi ressemblent 70,5 g de protéines ? On les trouve dans chacune de ces options :

320 g de viande maigre ou de poisson
680 g de yaourt nature ou de fromage blanc
2,1 l de lait
850 g de haricots rouges, lentilles ou pois chiches
10 œufs
370 g de noix
1,4 kg de donuts et de frites (si, si !)

Bien entendu, ces aliments ne contiennent pas que des protéines. Ils contiennent aussi diverses combinaisons de glucides, lipides, macronutriments et fibres. Mary consommera donc un nombre de calories très différent selon qu'elle va chercher ses 70,5 g de protéines dans le poisson (elle consommerait alors 580 kcal) ou dans les donuts et les frites (le total de calories absorbées serait alors de 5 500 kcal !).

Pour rappel, il lui faut donc 70,5 g de protéines, mais pas plus de 1 880 kcal par jour.

Mary vient de passer quelques mois difficiles et elle s'est un peu laissée aller au niveau des repas. Elle prend des plats à emporter deux ou trois soirs par semaine. Son compagnon a souvent été en déplacement et n'a pas pu l'aider à aller chercher les enfants à l'école, faire les courses, la cuisine, ni le ménage. Côté travail, c'est difficile aussi : elle a dû faire plus de déplacements et perdre plus de temps dans les bouchons pour se rendre dans les bureaux d'un nouveau client à l'autre bout de la ville. Quand elle arrive à la maison et doit faire face aux tâches qui l'attendent, elle n'a plus aucune envie de faire la cuisine. De toute façon, il n'y a plus rien de frais dans le frigo : elle n'est pas allée au supermarché depuis cinq jours.

Après avoir débarrassé les cartons de pizzas, préparé les sacs des enfants pour l'école et lu les documents pour la réunion du lendemain, Mary s'avachit devant la télé, savoure un verre de vin et s'ouvre un paquet de chips.

Malgré le côté un peu aléatoire de son mode de vie, l'appétit pour les protéines de Mary, cet instinct hérité de millions d'années d'évolution, continue à faire en sorte qu'elle obtienne ses 70,5 g de protéines par jour. Mais son régime ne contient pas les 15 % de protéines qui lui iraient parfaitement; les lipides et glucides supplémentaires les ont diluées et le taux n'est plus que de 13 %. 2 %, cela ne doit pas changer grand-chose, non ? Calculons :

Avec un régime à 15 % de protéines, Mary consommerait 1 880 kcal par jour – exactement ce qu'il lui faut pour rester au même poids.

Avec son nouveau régime à 13 % de protéines, Mary doit consommer 2 170 kcal pour atteindre la même cible protéique, soit 290 kcal de plus qu'il ne lui en faut pour rester au même poids.

Concrètement, à quoi correspond ce nombre ? 290 kcal, c'est l'équivalent de deux canettes de soda sucré, d'une barre chocolatée ou d'un paquet de chips. Une fois de plus, cela ne semble pas grand-chose, mais à moins qu'elle ne brûle ces calories supplémentaires, Mary risque fort de prendre du poids. Si elle maintient son régime à 13 % de protéines, dans deux ou trois ans, elle aura pris 12 kg, ce qui l'amènera à 76 kg, avec un IMC de 30, qui correspond à l'obésité.

Et maintenant ?

Une conclusion possible

Mary continue à prendre du poids, lentement mais sûrement. Arrivée à 76 kg, elle aura véritablement besoin des

290 kcal supplémentaires qu'elle a consommées tous les jours pour maintenir ce nouveau poids. En effet, un corps plus lourd exige plus de carburant. Eh bien, dites-vous, au moins elle ne va pas prendre plus de poids. Eh bien si. Comme nous l'avons expliqué dans le chapitre précédent, l'effet de la « baignoire qui fuit » implique qu'au lieu de s'arrêter à 12 kg supplémentaires Mary est désormais prise dans un cercle vicieux engendré par un appétit croissant pour les protéines. Il est donc presque certain qu'elle va continuer à prendre du poids.

À cause de ce cercle vicieux, Mary voit sa cible protéique s'élever, et son appétit pour ce nutriment va la pousser à manger toujours plus. Du fait de la forte proportion d'aliments et de boissons transformés dans sa consommation, elle ingère moins de fibres que jamais, ce qui signifie que son appétit ne rencontre pas de frein efficace. Son microbiote intestinal aura aussi commencé à remarquer le manque de fibres, provoquant constipation et selles irrégulières.

À cause de la prise de poids, la nouvelle cible protéique de Mary est de 76 g ; seulement 5,5 g de plus que sa cible précédente, de 70,5 g – l'équivalent d'un œuf par jour. Ça ne paraît pas grand-chose, et pourtant les conséquences sont graves.

Avec un régime à 13 % de protéines, Mary doit désormais consommer 2 340 kcal par jour pour obtenir ses 76 g de protéines quotidiens. En raison de ces 168 kcal supplémentaires, elle pèsera bientôt 83 kg et son IMC sera de 32,4. Et cela ne s'arrêtera pas là : sa cible protéique se sera encore élevée sous l'effet de l'insulino-résistance, ce qui la conduira à des problèmes de santé encore plus graves, dont le diabète de type 2.

Une autre conclusion possible

Mary s'est ressaisie juste à temps pour éviter de prendre encore du poids. Il lui suffit de repasser à un régime contenant

15 % de protéines, de manger moins de cochonneries et plus de fibres. Son appétit pour les protéines se chargera du reste.

Fait important quoique contre-intuitif : Mary n'a pas besoin de consommer plus d'aliments riches en protéines pour atteindre cet objectif. En retirant seulement 290 kcal de lipides et de glucides de son alimentation, elle en fait déjà passer la teneur en protéines de 13 % à 15 %, son niveau optimal. Elle atteindra sa cible de 70,5 g de protéines en consommant moins de calories qu'auparavant, et son poids reviendra progressivement à 64 kg. Il lui suffit de renoncer au paquet de chips sur le canapé, au soda, à la bière ou à la barre chocolatée. Quelques portions supplémentaires de fruits et légumes, légumineuses ou céréales complètes apporteront les fibres manquantes tout en ajoutant des micronutriments essentiels et des substances phytochimiques aux effets bénéfiques. (Les céréales complètes – qu'il s'agisse de blé, d'épeautre, d'avoine, d'orge, de millet ou de riz – contiennent toutes les parties et donc tous les nutriments de la plante, contrairement à leurs formes raffinées, dans lesquelles les fibres du son et les nutriments du germe ont été retirés.)

Si Mary allait plus loin et supprimait 510 calories de lipides et de glucides, elle arriverait à un régime à 17 % de protéines et n'aurait plus besoin que de 1 660 calories pour atteindre sa cible protéique. Cela ferait environ 150 kcal de moins qu'il ne lui en faut pour rester à 66 kg. Elle pourrait y arriver en se passant de deux de ses péchés mignons : un paquet de chips, une barre chocolatée, deux ou trois canettes de soda, de bières ou verres de vin. Une fois de plus, nul besoin de consommer davantage de protéines : la cible reste la même, 70,5 g, et tout dépend entièrement de ce que Mary mange par ailleurs.

Et n'oublions pas qu'elle pourrait également augmenter son niveau d'activité physique pour brûler quelques calories de plus et être en meilleure santé.

Mary ressemble à énormément de femmes et d'hommes mûrs de pays développés. Ses problèmes nous touchent tous, et ses solutions peuvent aussi être les nôtres.

Lorsque Mary entrera dans le troisième âge, vers 65 ans, elle devra commencer à consommer davantage de protéines – environ 25 g de plus par jour – pour arriver à 20 % de protéines. C'est dû au phénomène que nous avons expliqué dans le chapitre précédent : on perd plus de protéines avec l'âge, et si Mary n'augmente pas son apport, sa masse musculaire risque de fondre.

Le cas de Matthew

Matthew a 25 ans. Il a quitté le domicile familial, changé de ville à la fin de ses études il y a un an et il travaille à temps plein dans un bureau. Ses journées sont longues, et il est censé rester au bureau tard le soir la plupart du temps. Il n'a jamais beaucoup fait la cuisine, et c'est bien pratique de commander ses repas en ligne. Au lycée, Matthew était un très bon joueur de football américain et il s'est beaucoup entraîné pour prendre du muscle. Le grand garçon dégingandé qu'il était est devenu un jeune homme musclé de 85 kg. Il rendait ses parents fous avec ses milk-shakes protéinés, ses œufs et ses filets de poulet qui encombraient le frigo familial – mais tout cela, c'est du passé. Fini, l'entraînement intensif ; ses années de grand sportif sont révolues.

En tant qu'athlète, Matthew mangeait autour de 135 g de protéines par jour. Il en avait besoin pour développer et conserver son imposante masse musculaire. Il dépensait aussi 3 550 kcal d'énergie par jour en s'entraînant de manière intensive. À présent, il reste assis devant son ordinateur au bureau à longueur de journée et ne brûle plus que 2 550 kcal par jour. Sa masse musculaire commence à fondre par manque de pratique du football et de la musculation, mais elle réclame toujours autant de protéines.

À la fin de sa carrière sportive, Matthew répondait parfaitement à ses besoins énergétiques et protéiques en suivant un régime à 15 % de protéines (à l'époque, consommer 135 g de protéines revenait à ingérer 3 600 kcal). Le problème, c'est qu'à présent il a besoin de 1 000 calories de moins par jour. En consommant cette quantité d'énergie avec un régime à 15 % de protéines, Matthew ingérerait 95 g de protéines par jour. Sa cible protéique, qui reste fixée à un niveau élevé en raison de son passé de sportif, ne sera pas atteinte, et son appétit le poussera à manger au-delà du nombre optimal de calories.

Il faudra du temps pour que la cible protéique de Matthew revienne à un niveau plus adapté à son nouveau mode de vie sédentaire. On ne sait pas combien de temps cela prendra, on manque encore de données scientifiques à ce sujet. Mais une chose est sûre : d'ici à ce que sa cible protéique se soit adaptée, le tour de taille de Matthew aura augmenté à cause des calories excédentaires qu'il aura consommées en essayant d'atteindre la cible protéique héritée de ses années de grand sportif. Matthew va suivre une tendance qu'on retrouve chez beaucoup de jeunes sportifs lorsqu'ils passent le cap des 20 ans, puis des 30 ans, et qui annonce les problèmes de santé de la quarantaine et de la cinquantaine.

Que doit-il faire ? Pour éviter de prendre du poids, il doit limiter son apport calorique à 2 550 kcal, tout en satisfaisant son appétit vorace pour les protéines, qui exige tous les jours ces 135 g de protéines dont il n'a plus vraiment besoin. Il lui suffit d'augmenter la part de protéines dans son alimentation de 15 % à 21 %. Ainsi, il atteindra sa cible protéique (135 g) tout en répondant à ses besoins énergétiques (2 550 kcal). Supprimer les aliments ultra-transformés et accroître son apport en fibres sont deux manières simples d'arriver à 21 % de protéines, mais augmenter ses portions d'aliments riches en protéines pour consommer 20 à 30 g de protéines supplémentaires par jour l'aiderait aussi à atteindre son objectif. Tout simplement.

Nous nous trouvons dans une situation inédite dans l'histoire de notre espèce : beaucoup d'entre nous aimeraient désormais perdre du poids. Mais c'est difficile, et il est encore plus difficile de ne pas en reprendre. L'effet yo-yo est tristement célèbre : on perd du poids en suivant le dernier régime à la mode, puis on finit par revenir à son poids antérieur ou à le dépasser. C'est un *business model* formidable pour l'industrie des régimes, et la combinaison de notre physiologie et de l'environnement moderne rend cette prise de poids quasiment inévitable.

Il peut être utile de faire appel au levier protéique, comme nous venons de le voir dans le cas de Mary et de Matthew. Des essais cliniques à grande échelle tels que l'étude européenne DIOGENES ont prouvé qu'un régime riche en protéines (25 %) avec une grande quantité de glucides sains à absorption lente permettait de ne pas reprendre de poids après une période de restriction calorique (800 kcal par jour pendant huit semaines, dans le cas de cette étude en particulier).

Cependant, il existe une erreur de débutant courante, qui consiste à croire que les protéines elles-mêmes sont responsables des bienfaits d'un régime riche en protéines. Voici le raisonnement fallacieux : on perd du poids lorsqu'on suit un régime riche en protéines ; en perdant du poids, on est en meilleure santé ; c'est donc le surplus de protéines qui améliore notre santé. Mais les protéines ne sont pas un traitement pour le diabète, les maladies cardiaques ou autres complications de l'obésité. On sait désormais qu'un régime riche en protéines se contente de limiter l'apport calorique. Tous les autres bienfaits découlent de cela.

Pourtant, de nos jours, toute une communauté d'adeptes d'un régime à la mode est convaincue que s'il est bon de consommer des protéines, il doit être bon d'en consommer encore plus. Erreur de raisonnement. C'est aussi faux que d'affirmer, pour n'importe quelle bonne chose, qu'il vaut mieux en consommer plus que d'en consommer exactement la bonne quantité. Nombre de substances indispensables – le sel, l'eau, les vitamines – sont toxiques au-delà d'une certaine quantité. Il en va de même pour les protéines, ainsi que pour les glucides et les lipides.

La tendance hyperprotéique est à la mode depuis un moment. Elle a été promue par les travaux de Robert Atkins, qui recommandait un régime pauvre en glucides et riche en lipides et en protéines pour perdre du poids. Il avait raison, et à présent nous savons pourquoi : ce type de régime permet de moins manger, car il satisfait rapidement l'appétit pour les protéines. Dans le sillage du régime Atkins, on a connu la mode des régimes paléo, cétogène, carnivore, et autres régimes pauvres en glucides, voire sans glucides, qui vous recommandent de ne manger que de la viande, du poisson et du beurre (et peut-être quelques fibres pour les plus prudents) afin de perdre du poids sans effort et de rester en pleine forme.

C'est indéniable : ces régimes favorisent tous la perte de poids. En plus de la satisfaction rapide de l'appétit par les protéines, le régime cétogène, très pauvre en glucides (moins de 20 g par jour, soit l'équivalent d'une pomme) pousse l'organisme à brûler des cétones, produits de la dégradation des graisses, en guise de carburant cellulaire principal, à la place du glucose. Les cétones semblent aussi aider à limiter la prise de calories, même en présence de quantités modérées de protéines.

Les régimes cétogènes pauvres en protéines (9 %) et très riches en lipides (90 %) sont thérapeutiques dans certaines circonstances, telles que le traitement de l'épilepsie chez les enfants ; et les régimes très pauvres en glucides et en calories peuvent contribuer à atténuer les symptômes du diabète de type 2 ; mais aucun de ces régimes n'est soutenable ni désirable à long terme pour la plupart des gens. Même les régimes pauvres en glucides et riches en lipides, moins extrêmes, sont mal supportés : la plupart des gens reviennent rapidement à un équilibre plus naturel entre les macronutriments.

La raison en est simple : en retirant la plupart des glucides de l'alimentation, on active l'appétit pour ces derniers, ce qui rend les aliments sucrés et les féculents irrésistibles. Essayez d'arrêter les glucides pendant quelques jours, vous verrez. Si, en plus, votre alimentation est pauvre en protéines, vous subirez la double peine de la fringale de protéines et de glucides, en même temps qu'un dégoût croissant pour les matières grasses, car votre appétit vous commandera de les éviter. Vos appétits font simplement ce pour quoi ils ont évolué : ils vous poussent à vous alimenter de manière équilibrée.

Si vous persistez à suivre un régime pauvre en glucides (ou n'importe quel autre régime radical) en ignorant l'envie de manger autrement, votre organisme finira par s'y adapter. Nous sommes des créatures d'une plasticité extraordinaire en ce qui concerne notre alimentation. L'une des plus belles preuves du succès de notre espèce est le fait d'avoir su s'adapter à des régimes aussi peu prometteurs que le régime traditionnel des Inuits (à base de poisson, de viande et de graisse de mammifères) des Massaïs du Kenya (à base de lait et de sang) ou le régime pauvre en protéines d'Okinawa, à base de patates douces.

Cependant, cette adaptabilité a un inconvénient : plus on restreint son choix de nutriments, plus on risque de perdre en flexibilité métabolique et d'avoir du mal à changer d'habitudes alimentaires. Cela est dû au fait que notre physiologie a évolué pour s'attendre à une certaine variation des aliments disponibles selon les saisons, ainsi qu'au jeûne nocturne et à des épisodes de famine ou d'abondance. Physiologiquement, nous sommes comme des athlètes qui ont besoin d'étirer leurs muscles et leurs tendons pour entretenir leur aptitude à réagir avec souplesse à tous les défis physiques auxquels ils sont confrontés. Si nous «n'étirons pas» notre physiologie, nous perdons peu à peu notre aptitude à profiter d'une diversité alimentaire tout à fait saine.

Certes, admettons que la perte de poids peut être souhaitable du point de vue de la santé et de la longévité – pour ceux d'entre nous qui sont au-dessus d'un IMC normal, et *a fortiori* ceux qui présentent des signes de diabète ou de maladie cardio-vasculaire. La perte de poids peut atténuer une multitude de facteurs négatifs associés à l'obésité.

Mais compte tenu de nos connaissances sur les mécanismes moléculaires de la longévité, un régime riche en protéines, pauvre en glucides et riche en lipides comporte aussi certains risques. Nos expériences sur les insectes et les souris, confirmées par les recherches d'autres scientifiques partout dans le monde, montrent que ce type de régime active des voies biochimiques très anciennes et universelles qui stimulent la croissance et la reproduction. Mais en même temps, elles désactivent les systèmes de réparation et d'entretien qui permettent à l'individu de vivre longtemps en bonne santé.

Savons-nous si ce risque existe également chez l'espèce humaine ? Tout un ensemble de preuves s'accumulent dans ce sens, mais il faut encore prolonger les études pour avoir des certitudes. Pour des raisons évidentes, nous ne pouvons pas mener d'étude rigoureusement contrôlée sur la vie entière d'êtres humains comme nous pouvons le faire avec des insectes ou des rongeurs, et l'interprétation des résultats d'expériences nutritionnelles chez les humains, comme celle des enquêtes nutritionnelles de type sondage, est semée d'embûches. Les conclusions sont souvent débattues par les défenseurs d'écoles de pensée nutritionnelle différentes, lesquelles sont généralement focalisées sur un seul nutriment. La controverse tourne souvent autour du rôle relatif des lipides et des glucides.

Néanmoins, il est indéniable que les humains ont la même biologie moléculaire que les levures, les vers de terre, les souris et les singes en ce qui concerne les mécanismes de longévité et de croissance. Ce qui soulève une question : quelles chances y a-t-il que notre espèce soit une rare exception à la règle selon laquelle une longue exposition à un régime riche en protéines et pauvre en glucides réduit l'espérance de vie ? Très peu, à notre avis. Infiniment peu. Surtout si l'on garde à l'esprit que les populations humaines ayant la meilleure santé et la plus grande longévité ont toutes une alimentation relativement pauvre en protéines et riche en glucides sains et complets.

Manger comme les animaux : nos conseils

Mary et Matthew nous ont aidés à appliquer certaines des leçons les plus importantes de cet ouvrage – les leçons que nous ont apprises des créatures allant des « blobs » aux babouins et aux sauterelles cannibales, des mouches du vinaigre aux souris, en passant par les chats, les chiens et les primates. Elles font toutes partie de cette merveilleuse épopée de l'évolution à laquelle participe l'être humain, une espèce qui a su transformer le monde pour satisfaire son désir insatiable d'aliments savoureux, pratiques et bon marché – avec les conséquences désastreuses que l'on connaît. Nous devons nous réapproprier le fonctionnement de notre nutrition et travailler avec notre physiologie plutôt que d'essayer d'être plus malins qu'elle.

Concluons ce périple par quelques conseils pour maîtriser votre environnement alimentaire et faire en sorte que vos appétits se mettent vraiment à votre service. Il ne s'agit pas de vous dire comment vivre votre vie, mais plutôt de vous présenter ce que nous retirons des preuves scientifiques dont nous avons connaissance en tant que chercheurs. C'est une carte à consulter en chemin vers un régime à la fois sain et agréable.

1. Calculez votre cible protéique en trois étapes :
   Première étape : estimez le besoin énergétique quotidien correspondant à votre âge, votre sexe et votre degré d'activité. Vous pouvez le faire en utilisant un calculateur faisant appel à la formule de Harris et Benedict (on en trouve sur de nombreux sites internet).
   Deuxième étape : estimez la part de calories qui devra vous être apportée par les protéines (votre cible protéique) en multipliant cette valeur par :
   - Enfant ou adolescent : 0,15 (soit un régime à 15 % de protéines)
   - Jeune adulte (18-30 ans) : 0,18 (18 % de protéines)
   - Femme enceinte ou allaitante : 0,20 (20 %)
   - Trentenaire : 0,17
   - Âge mûr (40-65 ans) : 0,15
   - Troisième âge (> 65 ans) : 0,20

   Troisième étape : Gardant à l'esprit que chaque gramme de protéines contient 4 kcal d'énergie, divisez ce nombre par 4 pour obtenir le nombre de grammes de protéines que vous devez consommer tous les jours.

2. Évitez les aliments ultra-transformés. N'en achetez pas. Si vous en avez chez vous, vous finirez par les manger. Ils sont faits pour être irrésistibles. Ils sont la première cause de l'épidémie mondiale d'obésité, car ils ont le pouvoir de pervertir l'interaction entre les nutriments et les appétits. Comment les reconnaître ? Voici la méthode, expliquée par Carlos Monteiro lui-même :

Une manière pratique d'identifier un aliment ultra-transformé consiste à vérifier si, parmi ses ingrédients, on trouve au moins l'un des produits caractéristiques du groupe NOVA des aliments ultra-transformés – autrement dit, soit une substance jamais ou rarement utilisée en cuisine (par exemple le sirop de maïs à haute teneur en fructose, les huiles hydrogénées ou interestérifiées, ou les protéines hydrolysées), ou bien des classes d'additifs conçus pour rendre le produit plus savoureux ou appétissant (arômes, exhausteurs de goût, colorants, émulsifiants, sels émulsifiants, édulcorants, épaississants ou agents anti-mousse, gonflants, agents de carbonatation, agents moussants, gélifiants ou enrobants).

3. Choisissez des aliments protéinés variés, qu'ils soient animaux (volaille, viande, poisson, œufs, produits laitiers) ou végétaux (graines, oléagineux, légumes secs) afin d'atteindre votre apport quotidien et de vous assurer un bon équilibre d'acides aminés, qui satisferont votre appétit protéique de manière efficace. Si vous êtes végétarien (ce qui n'est pas une mauvaise chose), vous devrez particulièrement veiller à consommer des aliments variés, étant donné que les protéines d'une seule plante sont généralement moins équilibrées que les protéines animales du point de vue de leur composition en acides aminés.
   Afin de vous montrer plus concrètement comment vous pouvez atteindre votre cible protéique, notre collègue diététicienne du Centre Charles Perkins, le docteur Amanda Grech, nous a fourni la liste d'aliments suivante, qui indique leur teneur en protéines en même temps que celle en lipides, glucides, calories, acides gras saturés et sodium.

Composition nutritionnelle moyenne pour 100 g

Groupes d'aliments	(n*)	Proportion de protéines**	Proportion de l'apport calorique***	Énergie (kcal)	Protéines (g)	Protéines (%E****)	Glucides (g)	Fibres alimentaires (g)	Total lipides (g)	Total acides gras saturés (g)	Sodium (mg)
Produits laitiers	14784	12,9	10,9	89,2	4,0	17,8	8,7	0,2	4,4	2,4	96,3
Viande rouge, poulet, fruits de mer	12142	40,4	18,3	194,9	16,2	33,2	8,8	0,6	10,3	3,1	515,0
Œufs	2036	4,1	2,4	185,4	12,1	26,1	3,3	0,1	13,5	4,3	433,8
Haricots secs, légumineuses	3183	4,0	3,7	231,2	9,5	16,4	21,6	5,5	13,1	2,2	344,3
Pains, céréales, gâteaux, riz, pâtes	25213	30,6	38,9	230,2	6,8	11,9	32,2	2,2	8,4	2,8	396,3
Fruits	9766	1,4	4,8	56,8	0,6	4,3	13,5	1,3	0,5	0,1	4,6
Légumes	15424	4,0	7,1	106,4	2,3	8,5	14,7	2,0	4,8	1,1	257,9
Condiments	3182	0,1	1,5	452,0	1,0	0,9	6,9	0,1	47,0	12,1	795,8
Boissons sucrées ou alcoolisées	34703	2,5	12,5	14,6	0,1	3,0	2,8	0,0	0,1	0,0	6,6
Total	120433	100,0	100,0								

* Nombre de fois qu'un groupe d'aliments a été mentionné par les participants.
** Part de l'apport en protéines de chaque groupe d'aliments dans l'alimentation des Américains.
*** Part de l'apport calorique de chaque groupe d'aliments dans l'alimentation des Américains.
**** Part des calories apportées par les protéines.

Composition[1] nutritionnelle moyenne pour 100 g des groupes alimentaires et aliments mentionnés par les participants de l'étude NHANES 2015-2016

Groupes d'aliments et aliments spécifiques	Nutriments (pour 100 g)								
	(n)*	Énergie (kcal)	Protéines (g)	Protéines (%E)**	Glucides (g)	Fibres alimentaires (g)	Total lipides (g)	Total acides gras saturés (g)	Sodium (mg)
Viande, poulet, fruits de mer	**12142**	**194,9**	**16,2**	**33,2**	**8,8**	**0,6**	**10,3**	**3,1**	**515**
Bœuf	933	225,2	27,7	49,3	0,9	0,1	11,7	4,6	431
Rôti de bœuf (sans manger le gras)	35	149,8	29,1	77,8	0,0	0,0	3,7	1,4	417
Côte de porc (en mangeant le gras)	18	211,3	27,7	52,4	0,0	0,0	10,5	3,3	514
Viandes transformées (saucisses, hot-dogs, saucisson)	1984	218,7	16,2	29,6	2,4	0,0	15,8	5,4	970
Poulet	2678	229,6	21,6	37,6	7,0	0,4	12,5	2,8	507
Blanc de poulet grillé sans la peau	63	175,6	29,6	67,5	0,0	0,0	5,5	1,0	353
Pilon de poulet frit (fast-food)	32	292,8	16,2	22,2	12,9	0,4	19,6	4,6	748
Poisson	261	178,2	21,4	48,1	4,0	0,2	8,1	1,6	467
Hamburgers et sandwichs à la viande	1525	262,0	13,3	20,3	22,0	1,2	13,3	4,8	568
Cheeseburger	57	270,3	13,5	20,0	25,5	1,9	12,9	5,8	628
Sandwich au poulet au pain complet, salade	3	203,5	16,2	31,8	19,6	3,0	7,0	1,3	364
Œufs et plats à base d'œufs	2036	185,4	12,1	26,1	3,3	0,1	13,5	4,3	434
Œufs entiers, jaune ou blanc	863	184,4	13,2	28,5	0,9	0,0	13,8	4,3	442

* Nombre de fois qu'un groupe d'aliments a été mentionné par les participants.

** Part des calories apportées par les protéines.

1. Selon la base de données établie par l'USDA (Legacy SR) dans le cadre des Food and Nutrient Database for Dietary Studies.

Groupes d'aliments et aliments spécifiques	Nutriments (pour 100 g)								
	(n)	Énergie (kcal)	Protéines (g)	Protéines (%E)	Glucides (g)	Fibres alimentaires (g)	Total lipides (g)	Total acides gras saturés (g)	Sodium (mg)
Produits laitiers	**14 784**	**89,2**	**4,0**	**17,8**	**8,7**	**0,2**	**4,4**	**2,4**	**96**
Lait nature	4 822	51,9	3,3	25,1	4,8	0,0	2,2	1,3	45
Yaourt grec nature, allégé	11	59,0	10,2	69,1	3,6	0,0	0,4	0,1	36
Yaourt au lait entier aromatisé	26	86,9	3,1	14,3	12,4	0,1	2,9	1,8	44
Crème épaisse	5	340	2,8	3,3	2,7	0,0	36,1	23,0	26
Fromage	1 580	362,2	24	26,5	4,1	0,0	27,7	16,3	744
Brie	11	332,3	20,8	25,0	0,4	0,0	27,7	17,4	631
Cheddar	465	404,8	22,9	22,6	3,1	0,0	33,3	18,9	653
Fromage transformé	861	297,5	15,9	21,4	8,7	0,0	22,3	12,7	1 253
Crème glacée	1 157	215,3	3,7	6,9	26,1	0,7	10,9	6,3	84
Glace au chocolat riche avec glaçage chocolat	4	302,8	5,6	7,4	11,9	1,1	25,8	15,9	56
Haricots secs, légumineuses, oléagineux, graines	**3 183**	**231,2**	**9,5**	**16,4**	**21,6**	**5,5**	**13,1**	**2,2**	**344**
Haricots secs (et plats à base de)	411	166,8	8,4	20,3	23,6	8,1	4,7	0,7	228
Haricots noirs cuits	8	133,6	8,9	26,6	24,3	10,1	0,4	0,1	348
Légumineuses (et plats à base de)	110	193,3	9,1	18,9	24,9	7,5	6,9	1,1	252
Lentilles cuites	20	115,5	9,0	31,1	20,0	7,9	0,4	0,1	196
Graines	23	576,3	19,1	13,3	23,8	11,0	49,2	5,2	462
Fruits à coque	744	598	18,8	12,6	22,0	8,2	52,9	7,1	175
Beurre de cacahuètes	308	580,4	21,5	14,8	23,0	5,1	49,0	9,7	431

Groupes d'aliments et aliments spécifiques	Nutriments (pour 100 g)								
	(n)	Énergie (kcal)	Protéines (g)	Protéines (%E)	Glucides (g)	Fibres alimentaires (g)	Total lipides (g)	Total acides gras saturés (g)	Sodium (mg)
Céréales et préparations à base de céréales	**25 213**	**230,2**	**6,8**	**11,9**	**32,2**	**2,2**	**8,4**	**2,8**	**396**
Pain, blé, boulgour, blé complet	1 401	270,7	11,0	16,3	47,0	5,1	4,4	0,9	472
Pain, croissants, bagels	2 985	303,8	9,1	12,0	50,6	2,4	7,0	2,2	494
Quinoa cuit	19	119,9	4,4	14,6	21,2	2,8	1,9	0,2	163
Pâtes cuites	17	148,2	6,0	16,1	29,9	3,9	1,7	0,2	235
Riz blanc cuit	570	129,2	2,7	8,3	28,0	0,4	0,3	0,1	245,3
Riz complet cuit	110	122,4	2,7	8,3	25,4	0,4	0,3	0,1	245,3
Céréales de petit déjeuner	2 345	374,8	7,7	8,2	80,8	6,3	4,3	1,0	436
Pizza au fromage	3	266,2	11,4	17,1	33,3	2,3	9,7	4,5	598
En-cas salés à base de céréales (pop-corn, chips de maïs)	2 220	497,6	7,8	6,2	62,2	5,2	24,8	5,7	714
Gâteaux	681	367,5	3,9	4,2	51,2	1,2	17,3	5,1	341
Biscuits	2 020	462,0	5,3	4,6	67,4	2,2	20,1	7,0	340
Viennoiseries	528	407,2	5,3	5,2	53,0	1,8	19,6	7,6	358
Fruits	**9 766**	**56,8**	**0,6**	**4,3**	**13,5**	**1,3**	**0,5**	**0,1**	**5**
Fruit frais	5 692	67,3	0,8	4,6	15,1	2,3	1,2	0,2	8
Jus de fruits	1 316	49,0	0,2	1,9	12,0	0,3	0,1	0,0	5
Fruits séchés	249	301,6	2,2	2,9	75,8	5,2	2,4	1,5	10
Légumes	**15 424**	**106,4**	**2,3**	**8,5**	**14,7**	**2,0**	**4,8**	**1,1**	**258**
Pommes de terre frites	3 947	313,9	3,9	5,0	37,2	2,9	17,6	2,9	360
Pommes de terre bouillies	9	92,6	2,5	10,8	21,1	2,2	0,1	0,0	164,5
Patates douces bouillies	6	94,8	2,1	8,9	21,8	3,5	0,1	0,1	182,2
Carotte crue	454	40,4	0,9	9,2	9,6	2,8	0,2	0,0	68,7
Légumes verts feuillus	554	31,2	2,6	33,8	4,5	2,7	1,0	0,2	141
Haricots verts	10	30,8	1,8	23,8	7,0	2,7	0,2	0,1	6,3
Tomate crue	1 037	17,9	0,9	19,7	3,9	1,2	0,2	0,0	5
Confiseries	**2 219**	**441,2**	**3,7**	**3,3**	**77,2**	**1,5**	**13,8**	**7,4**	**119**
Boissons sucrées	**4 129**	**33,7**	**0,0**	**0,4**	**8,4**	**0,0**	**0,1**	**0,0**	**7**
Vin/bière/spiritueux	**1 385**	**81,4**	**0,2**	**1,2**	**3,9**	**0,0**	**0,1**	**0,0**	**12**

4. Notre physiologie a évolué durant une époque où nous consommions beaucoup plus de fibres qu'aujourd'hui ; c'est pourquoi nous avons besoin d'elles pour réguler notre alimentation de concert avec nos appétits. Réactivez le frein de votre appétit en intégrant beaucoup de légumes verts feuillus, de légumes hors féculents, de fruits, de graines et de céréales complètes, qui vous apporteront beaucoup de fibres et peu de calories. Les haricots secs, les graines et les légumineuses (haricots rouges, pois chiches, haricots blancs, lentilles...) fournissent également des fibres, des protéines et des glucides sains. De plus, ils sont riches en vitamines et sels minéraux.

5. Ne soyez pas obsédé par le comptage des calories. Si vous mangez sainement, votre appétit pour les protéines régulera votre apport calorique. Accompagnez les aliments riches en protéines de nombreux fruits et légumes, haricots secs et céréales complètes, qui vous apporteront des glucides et des lipides de qualité. Ainsi, vous contenterez votre appétit pour les trois macronutriments à la fois.

6. Limitez l'ajout de sucre et de sel dans votre alimentation et choisissez des matières grasses saines, comme l'huile d'olive vierge extra.

7. Faire tout ce qui précède ne vous donnera qu'une estimation de votre cible protéique et de votre besoin énergétique global ; c'est un début. Essayez de faire des ajustements à la hausse ou à la baisse jusqu'à ce que vous ayez le sentiment de contrôler vos appétits. Vous devriez avoir faim à l'heure des repas et être repu après et entre ces derniers.

8. Écoutez vos appétits. Posez-vous ce genre de question : « Est-ce que j'ai une fringale de nourriture salée et *umami* ? » Si la réponse est oui, c'est que votre organisme vous signale un besoin de protéines. Dans ces moments-là, vous serez particulièrement tenté par les en-cas malsains qui imitent le goût des protéines, comme les chips et biscuits d'apéritif salés ultra-transformés. Ne vous laissez pas séduire ; allez plutôt chercher des aliments protéinés de qualité.

9. Inversement, ne consommez pas davantage de protéines que vous n'en ressentez le besoin. Votre appétit de protéines vous donnera la juste mesure, et la dépasser présente des risques. Nos appétits sont plus sages que nos instruments de mesure.

10. Si vous faites du sport et que vous développez votre masse musculaire, la recherche indique qu'un apport de 20 à 30 g de protéines par repas est la quantité qui active le mieux les mécanismes cellulaires de synthèse de nouvelles protéines musculaires. Ces mécanismes de synthèse protéique constituent le système de croissance que nous avons évoqué dans le chapitre 8 et qui a pour effet secondaire de produire des déchets cellulaires et d'endommager les cellules et l'ADN. Un repas contenant 20 à 30 g de protéines activera la synthèse protéique pendant environ deux heures, ce qui limite les effets secondaires à ce moment de la journée.

11. Pour favoriser l'entretien et la réparation de votre ADN et de vos cellules, ne mangez pas la nuit et évitez de grignoter entre les repas. Évitez par exemple de manger entre 20 heures et le lendemain matin. Ce jeûne quotidien favorisera l'activation du système de longévité

(également présenté dans le chapitre 8), réduira le risque de prise de calories superflues en fin de soirée et vous aidera à bien dormir.

Divers programmes de perte de poids comprennent des périodes de restriction calorique (le régime 5/2 est l'un des plus connus), mais la recherche montre que sans aller jusqu'à limiter l'apport calorique global, le simple fait de réduire la période pendant laquelle nous nous alimentons dans la journée est bénéfique (C'est ce qu'on appelle le *jeûne intermittent*). Les bienfaits surviennent, car une période de plusieurs heures sans alimentation désactive le système de croissance et active l'entretien et la réparation des cellules et de l'ADN, ce qui favorise la bonne santé et la longévité.

Nul ne peut manger en dormant. C'est pourquoi le sommeil est une occasion de nous débarrasser des déchets cellulaires accumulés pendant la journée et de réparer les dégâts subis par notre ADN. Cela vaut pour toutes nos cellules, mais en particulier pour celles du cerveau. Il n'est donc pas étonnant que le jeûne intermittent et un sommeil de qualité soient tous les deux associés à une bonne santé physique et mentale.

12. Dormez bien. Le sommeil est le troisième pilier de la santé et du bien-être, avec l'alimentation et l'activité physique. Le sommeil et la nutrition sont liés par l'intermédiaire de notre horloge biologique circadienne.

    Notre physiologie est gouvernée par une horloge centrale installée dans le cerveau. Elle fonctionne selon un cycle de vingt-quatre heures et contrôle notre rythme quotidien de veille et de sommeil, de température corporelle, de vidange intestinale, de pression artérielle, de sensibilité à l'insuline, et bien plus encore. Cette horloge centrale emploie des hormones comme la mélatonine pour synchroniser une multitude de mini-horloges distinctes qui se logent dans chacun de nos organes. En effet, chaque cellule possède son propre rythme circadien, intimement lié à des processus cellulaires fondamentaux comme la réplication de l'ADN et la transduction de l'insuline. La perturbation de ces horloges cellulaires et organiques provoque un mal-être terrible – tous ceux qui ont souffert de *jet lag* le savent. Le risque d'obésité, de diabète, de maladie cardiovasculaire et de cancer est plus élevé chez les personnes qui travaillent de nuit pendant de longues périodes. L'horloge biologique principale n'est cependant pas aussi précise qu'une montre digitale. Elle est un peu paresseuse et doit être relancée tous les jours par un indice fiable dans son environnement. L'indice principal est la lumière du jour, mais l'heure des repas a aussi son importance. Si vous vous exposez à une lumière vive ou que vous mangez au moment où votre horloge biologique s'attend à ce que vous dormiez, vous finirez par la dérégler et nuirez à votre santé.

13. Restez actif – si possible en sortant – et soyez sociable. L'activité physique et les interactions sociales sont clairement liées à la bonne santé et à la longévité.

14. Apprenez à cuisiner ce que vous aimez et enseignez-le à vos enfants. C'est l'un des plus beaux cadeaux que vous puissiez leur faire.

15. Mangez ce que vous aimez (tout en évitant les aliments ultra-transformés). Il existe une infinité de manières de manger équilibré. À moins que vous n'ayez un motif médical particulier, vous n'avez pas à supprimer quoi que ce soit de votre alimentation (céréales, produits

laitiers ou autres), ni à manger des choses que vous n'aimez pas ou qui ne correspondent pas à votre culture culinaire. Les cultures culinaires du monde – traditionnelles ou récentes – sont profondément liées au lieu, à l'histoire, à la religion, et elles accompagnent les gens dans toutes les phases de leur vie et tous leurs états de santé. Les philosophies diététiques qui s'affrontent aujourd'hui – du régime végan au régime cétogène – peuvent être recommandées à certaines personnes, mais ne sont pas applicables à tout le monde et sont souvent sous-tendues d'intérêts économiques, de colère et de prosélytisme.

Voilà, notre récit est terminé. Nous vous avons transmis ce que les animaux nous ont appris de l'art de manger sainement, à un détail près : il y a beaucoup de chiffres, de formules et de faits scientifiques dans les paragraphes et les listes qui précèdent, et tout cela peut et doit être appréhendé comme un guide important pour vivre et manger sainement ; mais cela ne constitue pas en soi un mode de vie sain. Il faut plutôt utiliser ce livre comme une carte au cours d'un voyage, un guide pour arriver à destination, à consulter de temps en temps si vous perdez votre chemin.

Bientôt, avoir une bonne alimentation deviendra un plaisir et un automatisme qui ne vous demandera pas beaucoup plus d'efforts que celui de vous orienter vers un environnement alimentaire sain et d'écouter vos appétits. C'est comme l'apprentissage d'un sport ou d'un instrument de musique, ou l'apprentissage de la conduite : cela demande d'abord de la concentration et une application délibérée des règles, de la répétition et la perte de certaines mauvaises habitudes. Puis cela devient une seconde nature.

Mais peut-être devrions-nous considérer cela comme un

retour à une nature première, dans le cas de l'alimentation : des myxomycètes aux babouins, les animaux régulent leur comportement alimentaire de cette manière depuis des millions d'années, bien avant que les nombres, les formules mathématiques, le sport, la musique et les voitures n'aient été inventés.

En savoir plus sur les nutriments

Les protéines

Les protéines sont des molécules composées de chaînes d'acides aminés. Elles sont essentielles à la structure et au fonctionnement des cellules végétales et animales.

Au niveau atomique, elles sont composées de carbone, d'hydrogène et d'oxygène, comme les autres macronutriments, mais elles contiennent aussi des atomes d'azote, d'une importance vitale.

Parmi les aliments riches en protéines, on trouve la viande, la volaille, les poissons et fruits de mer, les produits laitiers, les œufs, les haricots secs, les fruits à coque et les légumineuses. Les céréales et les légumes contiennent des protéines en petites quantités.

Les acides aminés

Il existe vingt types courants d'acides aminés : l'alanine, l'arginine, l'asparagine, l'acide aspartique, la cystéine, la glutamine, l'acide glutamique, la glycine, l'histidine, l'isoleucine, la leucine, la lysine, la méthionine, la phénylalanine, la proline, la sérine, la thréonine, le tryptophane, la tyrosine et la valine.

La leucine, l'isoleucine et la valine constituent la famille des acides aminés à chaîne ramifiée. Ce sont de puissants stimulants de la croissance musculaire. On les trouve principalement dans les protéines animales (viande et produits laitiers), ainsi que dans les protéines de certains végétaux comme les haricots secs et les légumineuses.

Les protéines se distinguent les unes des autres par leur combinaison d'acides aminés. La séquence d'acides aminés d'une protéine est encodée dans ses gènes, qui contiennent la recette de cette protéine.

Pour consommer un ensemble équilibré d'acides aminés, il faut diversifier les aliments protéinés dans votre alimentation.

Les peptides

Les peptides sont des chaînes d'acides aminés plus courtes que les protéines. Ils contiennent de deux à environ cinquante acides aminés.

Lors de la digestion, les protéines que nous consommons sont décomposées en petits peptides (à deux ou trois acides aminés) et en acides aminés pour pouvoir être absorbées au cours de leur passage dans les intestins.

Notre organisme fabrique également des peptides à partir d'acides aminés, notamment des hormones importantes.

Les glucides

Les glucides sont des sucres, amidons ou fibres présents dans des aliments tels que le miel, les fruits, les légumes, les céréales, les légumineuses et le lait. On les trouve aussi en petite quantité dans le foie et les muscles sous forme de glycogène (voir p. 271).

Les glucides sont composés de carbone, d'hydrogène et d'oxygène, dans les proportions suivantes : 1/2/1.

La plupart des glucides présents dans la nature sont élaborés à partir de l'air et de la lumière du soleil par les plantes et les algues, qui utilisent le dioxyde de carbone atmosphérique (CO_2) et l'eau (H_2O) dans le processus de photosynthèse, qui relâche également de l'oxygène (O_2) dans l'atmosphère.

Les sucres

Les sucres sont de petites molécules glucidiques, ou *saccharides*. Ce sont les composants de molécules plus grandes comme l'amidon et les fibres. Les composants de base sont les monosaccharides, qui incluent le glucose, le fructose (sucre des fruits) et le galactose (dans le lait).

Le glucose est le principal produit de la photosynthèse par les plantes et les algues. C'est le carburant vital de tous les organismes. Il circule dans notre sang en permanence.

Une molécule de glucose associée à une molécule de fructose forme le saccharose (un disaccharide) – le sucre que nous utilisons à table et en cuisine. Ce dernier circule aussi dans la sève des plantes, notamment la canne à sucre.

Le sirop de maïs à haute teneur en fructose est un substitut du saccharose utilisé dans certains aliments transformés et boissons. C'est un mélange de fructose et de glucose produit de manière industrielle en dégradant l'amidon de maïs.

Une molécule de glucose associée à une molécule de galactose forme le lactose – le sucre du lait, sans lequel aucun d'entre nous ne serait là aujourd'hui.

L'amidon

L'amidon est un glucide complexe (polysaccharide) produit par les plantes en associant de longues chaînes de sucres plus petits (principalement du glucose). L'amidon est stocké dans les tubercules, les tiges et les graines pour fournir à la plante l'énergie dont elle a besoin pour la germination et la croissance.

Parmi les aliments riches en amidon, on trouve les pains, les pâtes, les pommes de terre et les patates douces.

Les amidons résistants sont ceux qui sont difficiles à digérer sans l'aide du microbiote intestinal, qui les fait fermenter pour produire des acides gras à chaînes courtes. On trouve des amidons résistants dans les bananes vertes, les haricots secs et les lentilles, et il s'en forme lorsqu'on laisse refroidir les pommes de terre, les pâtes et le riz après la cuisson. Ces amidons sont d'une grande importance pour le bon fonctionnement de nos intestins.

Les fibres

Les fibres sont, elles aussi, des glucides complexes produits par les plantes et dans lesquels des sucres simples sont liés ; mais contrairement à ceux de l'amidon, les liaisons des fibres sont difficiles à défaire par la digestion.

Les fibres sont essentielles pour une alimentation saine, et la plupart d'entre elles se trouvent dans les légumes, les fruits, les céréales, les légumineuses, les haricots secs, les fruits à coque et les graines.

Les fibres solubles donnent sa consistance à la chair des fruits et des légumes, mais aussi à l'avoine, à l'orge et aux légumineuses. Elles ralentissent la vidange intestinale, ce qui augmente la sensation de satiété. Elles font aussi baisser le mauvais cholestérol et contribuent à la régulation de la glycémie.

Les fibres insolubles sont la matière coriace qui donne du volume aux aliments et absorbe l'eau, ce qui produit une sensation de satiété et ramollit les fèces dans l'intestin. On les trouve dans les céréales et les pains complets, les fruits à coque, les graines, le son de blé, ainsi que la peau et la pulpe des fruits et légumes.

La cellulose est la fibre la plus abondante sur Terre. Elle est produite par les plantes à l'aide de glucose et elle forme les parois rigides qui entourent les cellules végétales. Les cellules animales sont des sacs aux membranes souples, mais les plantes ont besoin d'une structure plus rigide pour tenir droites et résister aux éléments ; c'est pourquoi leurs cellules sont logées dans des coques de cellulose et leurs éléments structurels (tiges, troncs…) sont renforcés par les fibres et le bois.

La cellulose est l'un des glucides les plus difficiles à digérer pour les animaux, et les humains ne peuvent pas la digérer du tout. Elle ajoute cependant du volume à l'alimentation et permet de diluer les calories. Elle nous sert également à fabriquer du papier et des textiles.

Le glycogène

Le glycogène se compose d'unités de glucose ; les animaux stockent des glucides dans leur organisme sous cette forme. Nous n'emmagasinons qu'environ 1 kg de glycogène dans notre corps, principalement dans le foie, mais aussi dans les muscles. Dès que nous l'avons épuisé, il nous faut puiser de l'énergie dans notre graisse. Les coureurs de marathon connaissent bien ce moment de bascule dans l'utilisation de nos carburants internes, qu'ils décrivent parfois comme le franchissement d'un mur.

La principale source de glucides dans le régime traditionnel des Inuits est le glycogène.

Les lipides (graisses, huiles et stérols)

Les lipides sont principalement composés d'atomes de carbone et d'hydrogène et ne sont pas solubles dans l'eau.

Les matières grasses (beurre, saindoux, huile de coco...) sont solides à température ambiante, tandis que les huiles (végétales ou de poisson) sont liquides.

Les huiles et les graisses les plus courantes dans notre alimentation sont composées d'une molécule de glycérol liée à trois molécules d'acides gras. On les trouve dans de nombreux aliments tels que les produits laitiers, les viandes, les poissons, les huiles végétales, les fruits à coque, les avocats et les olives.

Les graisses et les huiles sont utilisées comme réserves d'énergie par les plantes et les animaux. En effet, elles stockent deux fois plus d'énergie par gramme que les glucides – ce qui veut dire qu'elles apportent aussi deux fois plus de calories par gramme lorsqu'on les consomme.

Les acides gras

Les molécules d'acides gras ont une queue d'atomes de carbone, dont la longueur permet de les classifier en acides gras à chaîne courte, moyenne, longue ou très longue.

Les acides gras à chaîne courte comprennent l'acétate du vinaigre et toute une gamme d'autres composés au goût aigre, issus de la fermentation bactérienne (ce qui se produit lorsque des microbes font fermenter des glucides complexes dans les intestins et lors de la production d'aliments fermentés comme la choucroute et le kimchi).

Lorsque tous les atomes de carbone de la queue d'un acide gras sont reliés par des liaisons simples, on les appelle *acides gras saturés.*

Lorsque les liaisons entre certains des atomes de carbone sont doubles, on parle d'*acides gras insaturés.*

S'il n'y a qu'une seule double liaison dans la chaîne, il s'agit d'*acides gras mono-insaturés*, et on parle d'acides gras *polyinsaturés* s'ils ont au moins deux liaisons doubles.

Si un acide gras polyinsaturé présente une double liaison au niveau du troisième atome de carbone en partant de la fin de la queue, c'est un acide gras oméga-3 ; et si la double liaison est au niveau du sixième atome en partant de la fin, il s'agit d'un acide gras oméga-6.

Le ratio optimal entre acides gras oméga-6 et oméga-3 se situe entre 1/1 et 4/1, mais c'est rarement le cas dans le monde occidental moderne, où l'on trouve typiquement un ratio de 16/1. Il faut consommer davantage d'aliments riches en oméga-3 pour rétablir l'équilibre.

Les poissons gras (saumon, hareng, maquereau) sont les sources d'oméga-3 les plus accessibles, mais on en trouve aussi dans les noix, le chanvre et les graines de lin.

Les graisses et huiles mono-insaturées, polyinsaturées et saturées

Les matières grasses contenant des taux élevés d'acides gras mono-insaturés (par exemple l'huile d'olive) sont parmi les plus saines.

On trouve des acides gras polyinsaturés en grande quantité dans les huiles de maïs, de colza, de carthame et de poisson.

Les acides gras saturés sont particulièrement abondants dans les produits laitiers, le saindoux et autres graisses animales, ainsi que dans certaines huiles végétales comme l'huile de coco ou de palme. Les graisses animales saturées sont généralement considérées comme moins saines que les graisses insaturées.

Les molécules d'acides gras saturés ont tendance à s'agglutiner et à s'empiler à température ambiante pour former des solides (comme le beurre, le saindoux et l'huile de coco), tandis que les molécules d'acides gras insaturés ont tendance à rester séparées et à former des liquides (comme les huiles végétales ou de poisson).

Les gras trans

Les gras trans sont des matières grasses solides obtenues par le traitement chimique d'huiles insaturées pour briser leurs doubles liaisons et saturer certaines molécules. Cela leur permet de s'empiler et de rester solides à température ambiante.

Les gras trans ajoutés aux aliments transformés sont mauvais pour la santé. Ils ont été utilisés dans la margarine jusqu'à leur interdiction et ils sont encore utilisés dans les en-cas transformés et la restauration rapide.

Les gras trans sont rares dans la nature, bien que de petites quantités soient naturellement produites par des bactéries dans l'estomac des ruminants comme les vaches, les moutons et les chèvres, et qu'on en trouve dans la viande et les produits laitiers issus de ces animaux.

Les gras interestérifiés

Comme les gras trans, ce sont des graisses artificielles produites de manière industrielle en modifiant la structure chimique d'huiles végétales.

Elles sont créées en échangeant ou en réarrangeant les acides gras pour altérer leur point de fusion, augmenter leur durée de conservation et changer leur consistance.

Les effets des gras interestérifiés sur la santé sont encore mal connus, et le signalement de leur présence sur l'emballage des aliments transformés n'est pas encore exigé au moment où nous rédigeons ce livre.

Le cholestérol

Le cholestérol est un autre type de lipide, de la famille des stérols. Il est essentiel à la constitution des membranes cellulaires animales et à la production des hormones stéroïdiennes et de la vitamine D.

Les plantes contiennent des phytostérols. Le cholestérol, lui, ne se trouve que dans les produits d'origine animale.

Le cholestérol voyage dans le sang en se liant à deux types de molécules porteuses nommées *lipoprotéines de basse densité* (on utilise l'acronyme anglais LDL) et *lipoprotéines de haute densité* (HDL). Un ratio élevé de LDL (mauvais cholestérol) sur HDL (bon cholestérol) est associé à une mauvaise santé cardio-vasculaire.

La consommation de fibres solubles est associée à une réduction du mauvais cholestérol, sans que l'on en connaisse encore la raison précise.

La digestion

Lorsque nous consommons des macronutriments (protéines, matières grasses et glucides), notre organisme doit les décomposer en acides aminés, acides gras et monosaccharides pour qu'ils puissent être absorbés par notre intestin et nous maintenir en vie.

Les glucides complexes sont décomposés jusqu'à ce qu'il ne reste plus que des monosaccharides. Dans le cas de l'amidon, le processus commence dans la bouche, où des enzymes salivaires spécialisées dans la digestion de l'amidon – les amylases – se mettent au travail et décomposent l'amidon en glucose.

Les disaccharides comme le saccharose (sucre de table) et le lactose (sucre du lait) sont découpés en monosaccharides par des enzymes présentes dans l'intestin grêle ; ces monosaccharides passent ensuite dans le flux sanguin. Le saccharose est décomposé en glucose et en fructose.

Une grande partie du fructose que nous consommons est transformée en glucose dans l'intestin, puis le reste passe dans le sang et se voit transformé par le foie. Des apports trop élevés peuvent conduire à une accumulation de graisse au niveau du foie.

Les personnes qui n'ont pas d'enzymes pour décomposer le sucre du lait (le lactose) en glucose et en galactose sont dites *intolérantes au lactose*. Il fut un temps où tous les humains perdaient leur aptitude à digérer le lactose au moment du sevrage, mais il y a environ cinq mille ans, des populations de différentes parties du monde ont acquis par mutation et sélection naturelle la capacité à digérer le lactose et à boire du lait plus tard dans la vie, tirant ainsi tous les bénéfices de la domestication des animaux producteurs de lait.

Si les glucides d'un repas ne sont pas trop difficiles à digérer, ils peuvent être complètement dégradés et absorbés par le système sanguin avant même de dépasser le début de l'intestin grêle.

Les glucides plus complexes et les autres formes de fibres alimentaires plus difficiles à digérer arrivent dans l'intestin, où le microbiote les décompose en libérant de l'énergie, des acides aminés à chaîne courte, des vitamines et du gaz.

La digestion des protéines commence dans l'estomac par l'action des acides gastriques et de la pepsine, et elle continue lorsque la nourriture arrive au début de l'intestin (le duodénum), où les enzymes qui digèrent les protéines sont libérées par le pancréas. Des acides aminés uniques et de très petits peptides (composés de deux ou trois acides aminés) sont absorbés dans les cellules de l'intestin grêle afin d'être transportés dans le flux sanguin.

Le pancréas sécrète lui aussi des enzymes de digestion des lipides dans l'intestin grêle, et les lipides sont émulsifiés par la bile, qui est produite par le foie, stockée par la vésicule biliaire et libérée dans le flux sanguin. Les acides gras et autres composants des lipides ainsi libérés sont absorbés dans les cellules de l'intestin grêle et passent dans le sang.

Les nutriments « essentiels »

Il existe environ cent nutriments qui doivent être présents dans notre alimentation pour maintenir une santé et un bien-être optimaux. Une quarantaine d'entre eux sont considérés par les nutritionnistes comme essentiels aux humains, ce qui veut dire qu'ils ne peuvent pas être synthétisés par notre organisme et que nous devons nous les procurer par notre alimentation pour survivre.

Ils incluent : neuf acides aminés (phénylalanine, valine, thréonine, tryptophane, méthionine, leucine, isoleucine, lysine et histidine), deux acides gras (l'acide alpha-linoléique et l'acide linoléique), treize vitamines (A, C, D, E, K, thiamine (B1), riboflavine (B2), niacine (B3), l'acide pantothénique

(B5), la vitamine B6, la biotine (B7), les folates (B9) et la vitamine B12), et quinze sels minéraux (potassium, chlore, sodium, calcium, phosphore, magnésium, fer, zinc, manganèse, cuivre, iode, chrome, molybdène, sélénium et cobalt).

Les substances phytochimiques

Les substances phytochimiques sont produites par les plantes pour se protéger de leurs ennemis naturels, les herbivores et les maladies. Certaines sont mortelles pour les humains, d'autres ne produisent qu'un goût amer, et certaines sont bonnes pour la santé.

Les substances phytochimiques sont employées par l'humanité (et d'autres espèces animales) comme poisons, drogues et remèdes traditionnels depuis des millénaires. Dès l'origine de l'agriculture, les humains ont puisé ces substances dans leurs cultures vivrières.

Parmi les substances phytochimiques bonnes pour notre santé, on trouve les *anthocyanines* dans les fruits et légumes rouges, bleus et violets ; les *flavonoïdes,* dans les oignons, les baies, le persil, le thé vert, les agrumes, les bananes, le vin rouge et le chocolat noir ; les *caroténoïdes,* dans les légumes jaunes et orange ; et la *salicine,* qui est présente dans l'écorce de saule et constitue l'ingrédient de base de l'aspirine.

Certaines substances phytochimiques font l'objet d'un battage publicitaire mettant en avant leurs propriétés antioxydantes et anti-inflammatoires. Pourtant, les preuves d'efficacité de ces compléments sont, au mieux, limitées. Mieux vaut assurer votre apport en substances phytochimiques à l'aide des fruits et légumes.

Remerciements

En premier lieu, nous aimerions remercier les nombreux collègues et étudiants qui ont partagé nos aventures dans le domaine de la biologie nutritionnelle pendant trois décennies. Nous n'en avons nommé que quelques-uns, mais nous voulons en remercier beaucoup d'autres pour leur amitié et leurs contributions.

Merci à Margaret Allman-Farinelli, Lisa Bero, Jennie Brand-Miller, Corinne Caillaud, Stephen Corbett, Annika Felton, Olivier Galy, David Mayntz, Carlos Monteiro, Marion Nestle, Robert Roemer, Jessica Rothman, Lesley Simpson, Michele Swan, Lhendup Tharchen, Jacqueline Tonin et Erin Vogel pour leurs remarques sur différentes parties du manuscrit. Merci à Amanda Grech, Paul Zongo et Rosie Ribeiro pour leur aide en ce qui concerne la diététique, et à Alistair Senior et Samantha Solon-Biet pour leur travail sur les chiffres.

Merci à notre agent, Catherine Drayton, et à Bill Tonelli pour son regard éditorial acéré. Merci à Deb Brody et à son équipe chez Houghton Mifflin Harcourt, à Myles Archibald et à son équipe chez HarperCollins, et à notre équipe chez HarperCollins Australie. Ce fut un immense plaisir de travailler ensemble.

Enfin, nous remercions tout particulièrement Jacqueline, Lesley et nos familles pour leur amour, leur soutien et leur patience.

Bibliographie

Voici une liste de publications approuvées par des comités de lecture scientifiques, en rapport avec les études mentionnées dans cet ouvrage. Nous les présentons par ordre d'apparition dans le texte.

Introduction

Johnson, C., D. Raubenheimer, J. M. Rothman, D. Clarke, et L. Swedell. « 30 Days in the Life: Nutrient Balancing in a Wild Chacma Baboon », *PLOS One* 8, n° 7 (2013), e70383.

Dussutour, A., T. Latty, M. Beekman et S. J. Simpson. « Amoeboid Organism Solves Complex Nutritional Challenges », *Proceedings of the National Academy of Sciences of the United States of America* 107, n° 10 (2010), p. 4607-4611.

Chapitre 1 : Opération sauterelles

Raubenheimer, D. et S. J. Simpson. « The Geometry of Compensatory Feeding in the Locust », *Animal Behaviour* 45, n° 5 (1993), p. 953-964.

Simpson, S. J. et G. A. Sword. « Locusts », *Current Biology* 18, n° 9 (2008), R364-366.

Simpson, S. J., E. Despland, B. F. Hägele et T. Dodgson. « Gregarious Behaviour in Desert Locusts is Evoked by Touching Their Back Legs », *Proceedings of the National Academy of Sciences of the United States of America* 98, n° 7 (2001), p. 3895-3897.

Anstey, M. L., S. M. Rogers, S. R. Ott, M. Burrows et S. J. Simpson. « Serotonin Mediates Behavioral Gregarization Underlying Swarm Formation in Desert Locusts », *Science* 323, n° 5914 (2009), p. 627-630.

Buhl, J., D. J. T. Sumpter, I. D. Couzin, J. J. Hale, E. Despland, E. R. Miller et S. J. Simpson. « From Disorder to Order in Marching Locusts », *Science* 312, n° 5778 (2 juin 2006), p. 1402-1406.

Simpson, S. J., G. A. Sword, P. D. Lorch et I. D. Couzin. « Cannibal Crickets on a Forced March for Protein and Salt », *Proceedings of the National Academy of Sciences of the United States of America* 103, n° 11 (2006), p. 4152-4156.

Chapitre 2 : Calories et nutriments

Simpson, S. J. et D. Raubenheimer. *The Nature of Nutrition: A Unifying Framework from Animal Adaptation to Human Obesity*, Princeton, NJ : Princeton University Press, 2012.

Ludwig, D. S., W. C. Willett, J. S. Volek et M. L. Neuhouser. « Dietary Fat: From Foe to Friend? », *Science* 362, n° 6416 (2018), p. 764-770.

Ludwig, D. S., F. B. Hu, L. Tappy et J. Brand-Miller. « Dietary Carbohydrates: Role of Quality and Quantity in Chronic Disease », *BMJ* 361 (2018), k2340.

Chapitre 3 : Représenter la nutrition

Raubenheimer, D. et S. J. Simpson. « The Geometry of Compensatory Feeding in the Locust », *Animal Behaviour* 45, n° 5 (1993), p. 953-964.

Simpson S. J. et D. Raubenheimer. « A Multi-Level Analysis of Feeding Behaviour: The Geometry of Nutritional Decisions », *Philosophical Transactions of the Royal Society B* 342, n° 1302 (1993), p. 381-402.

Raubenheimer, D. et S. J. Simpson. « Integrative Models of Nutrient Balancing: Application to Insects and Vertebrates », *Nutrition Research Reviews* 10, n° 1 (1997), p. 151-179.

Chapitre 4 : La stratégie des appétits

Simpson, S. J., S. James, M. S. J. Simmonds et W. M. Blaney. « Variation in Chemosensitivity and the Control of Dietary Selection Behaviour in the Locust », *Appetite* 17, n° 2 (octobre 1991), p. 141-154.

Raubenheimer, D. et S. J. Simpson. « Hunger and Satiety: Linking Mechanisms, Behaviour and Evolution », in *Encyclopedia of Animal Behaviour*, 2e édition, éditée par J. C. Choe, p. 127-138, Amsterdam, Elsevier, 2018.

Chambers, P. G., S. J. Simpson et D. Raubenheimer. « Behavioural Mechanisms of Nutrient Balancing in *Locusta migratoria* Nymphs », *Animal Behaviour* 50, n° 6 (1995), p. 1513-1523.

Simpson, S. J. et P. R. White. « Associative Learning and Locust Feeding: Evidence for a 'Learned Hunger' for Protein », *Animal Behaviour* 40, n° 3 (septembre 1990), p. 506-513.

Raubenheimer, D. et D. Tucker. « Associative Learning by Locusts: Pairing of Visual Cues with Consumption of Protein and Carbohydrate », *Animal Behaviour* 54, n° 6 (décembre 1997), p. 1449-1459.

Chapitre 5 : À la recherche d'exceptions

Raubenheimer, D. et S. Jones. « Nutritional Imbalance in an Extreme Generalist Omnivore: Tolerance and Recovery Through Complementary Food Selection », *Animal Behaviour* 71, n° 6 (juin 2006), p. 1253-1262.

Mayntz, D., D. Raubenheimer, M. Salomon, S. Toft et S. J. Simpson. « Nutrient-Specific Foraging in Invertebrate Predators », *Science* 307, n° 5706 (7 janvier 2005), p. 111-113.

Hewson-Hughes, A. K., V. L. Hewson-Hughes, A. T. Miller, S. R. Hall, S. J. Simpson et D. Raubenheimer. « Geometric Analysis of Macronutrient Selection in the Adult Domestic Cat, *Felis catus* », *Journal of Experimental Biology* 214 (15 mars 2011), p. 1039-1051.

Hewson-Hughes, A. K., V. L. Hewson-Hughes, A. Colyer, A. T. Miller, S. J. McGrane, S. R. Hall, R. F. Butterwick, S. J. Simpson et D. Raubenheimer. « Geometric Analysis of Macronutrient Selection in Breeds of the Domestic Dog, *Canis lupus familiaris* », *Behavioural Ecology* 24, n° 1 (janvier 2013), p. 293-304.

Hewson-Hughes, A. K., S. J. Simpson et D. Raubenheimer. « Consistent Proportional Macronutrient Intake Selected by Adult Domestic Cats (*Felis catus*) Despite Variations in Dietary Macronutrient and Moisture Content of Foods Offered », *Journal of Comparative Physiology B* 183, n° 4 (mai 2013), p. 525-536.

Hewson-Hughes, A. K., A. Colyer, S. J. Simpson et D. Raubenheimer. « Balancing Macronutrient Intake in a Mammalian Carnivore: Disentangling the Influences of Flavour and Nutrition », *Royal Society Open Science* 3, n° 6 (15 juin 2016), p. 160081.

Raubenheimer, D., D. Mayntz, S. J. Simpson et S. Toft. « Nutrient Specific Compensation Following Overwintering Diapause in a Generalist Predatory Invertebrate: Implications for Intraguild Predations », *Ecology* 88, n° 10 (octobre 2007), p. 2598-2608.

Chapitre 6 : L'hypothèse du levier protéique

Simpson, S. J., R. Batley et D. Raubenheimer. « Geometric Analysis of Macronutrient Intake in Humans: The Power of Protein? », *Appetite* 41, n° 2 (octobre 2003), p. 123-140.

Simpson, S. J. et D. Raubenheimer. « Obesity: The Protein Leverage Hypothesis », *Obesity Reviews* 6, n° 2 (mai 2005), p. 133-142.

Gosby, A. K., A. D. Conigrave, N. S. Lau, M. A. Iglesias, R. M. Hall, S. A. Jebb, J. Brand-Miller, I. D. Caterson, D. Raubenheimer et S. J. Simpson. « Testing Protein Leverage in Lean Humans: A Randomised Controlled Experimental Study », *PLoS ONE* 6, n° 10 (2011), e25929.

Raubenheimer D. et S. J. Simpson. « Nutritional Ecology and Human Health », *Annual Review of Nutrition* 36 (2016), p. 603-626.

Gosby, A. K., A. D. Conigrave, D. Raubenheimer et S. J. Simpson. « Protein Leverage and Energy Intake », *Obesity Reviews* 15, n° 3 (mars 2014), p. 183-191.

Raubenheimer, D. et S. J. Simpson. « Protein Leverage: Theoretical Foundations and Ten Points of Clarification », *Obesity* 27, n° 8 (août 2019), p. 1225-1238.

Campbell, C., D. Raubenheimer, A. Badaloo, P. D. Gluckman, C. Martinez, A. K. Gosby, S. J. Simpson, C. Osmond, M. Boyne et T. Forrester. « Developmental Contributions to Macronutrient Selection: A Randomized Controlled Trial in Adult Survivors of Malnutrition », *Evolution, Medicine, and Public Health* 2016, n° 1 (18 mai 2016), p. 158-169.

Chapitre 7 : Pourquoi limiter les protéines ?

Simpson, S. J. et D. Raubenheimer. « Caloric Restriction and Aging Revisited: The Need for a Geometric Analysis of the Nutritional Bases of Aging », *Journals of Gerontology, Series A* 62, n° 7 (juillet 2007), p. 707-713.

Lee, K. P., S. J. Simpson, F. J. Clissold, R. Brooks, J. W. O. Ballard, P. W. Taylor, N. Soran et D. Raubenheimer.

«Lifespan and Reproduction in Drosophila: New Insights from Nutritional Geometry», *Proceedings of the National Academy of Sciences of the United States of America* 105, n° 7 (19 février 2008), p. 2498-2503.

Mittendorfer, B., S. Klein et L. Fontana. «A Word of Caution against Excessive Protein Intake», *Nature Reviews Endocrinology* (14 novembre 2019), doi: 10.1038/s41574-019-0274-7.

Chapitre 8 : Cartographier la nutrition

Solon-Biet, S. M., A. C. McMahon, J. W. O. Ballard, K. Ruohonen, L. E. Wu, V. C. Cogger, A. Warren, *et al.* «The Ratio of Macronutrients, Not Caloric Intake, Dictates Cardiometabolic Health, Aging and Longevity in ad libitum-fed Mice», *Cell Metabolism* 19, n° 3 (4 mars 2014), p. 418-430.

Gokarn, R., S. Solon-Biet, N. A. Youngson, D. Wahl, V. C. Cogger, A. C. McMahon, G. J. Cooney, *et al.* «The Relationship Between Dietary Macronutrients and Hepatic Telomere Length in Aging Mice», *Journals of Gerontology: Series A* 73, n° 4 (14 mars 2018), p. 446-449.

Di Francesco, A., C. Di Germanio, M. Bernier et R. de Cabo. «A Time to Fast», *Science* 362, n° 6416 (16 novembre 2018), p. 770-775.

Solon-Biet, S. M., V. C. Cogger, M. Heblinski, T. Pulpitel, D. Wahl, A. C. McMahon, A. Warren, *et al.* «Defining the Nutritional and Metabolic Context of FGF21 Using the Geometric Framework», *Cell Metabolism* 24, n° 4 (11 octobre 2016), p. 555-565.

Gosby, A. K., N. S. Lau, C. S. Tam, M. A. Iglesias, C. Morrison, I. D. Caterson, J. Brand-Miller, A. D. Conigrave, D. Raubenheimer et S. J. Simpson. «Raised FGF-21 and Triglycerides Accompany Increased Energy Intake Driven by Protein Leverage in Lean, Healthy Individuals: A Randomised Trial», *PLoS One* 11, n° 8 (18 août 2016), e0161003.

Hill, C. M., T. Laeger, M. Dehner, D. C. Albarado, B. Clarke, D. Wanders, S. J. Burke, *et al.* «FGF-21 Signals Protein Status to the Brain and Adaptively Regulates Food Choice and Metabolism», *Cell Reports* 27, n° 10 (4 juin 2019), p. 2934-2947.e3.

Le Couteur, D. G., S. Solon-Biet, D. Wahl, V. C. Cogger, B. J. Willcox, D. C. Willcox, D. Raubenheimer et S. J. Simpson. «New Horizons: Dietary Protein, Ageing and the Okinawan Ratio», *Age and Ageing* 45, n° 4 (juillet 2016), p. 443-447.

Kaplan, H., R. C. Thompson, B. C. Trumble, L. S. Wann, A. H. Allam, B. Beheim, B. Frohlich, *et al.* «Coronary Atherosclerosis in Indigenous South American Tsimane: A Cross-Sectional Cohort Study», *The Lancet* 389, n° 10080 (29 avril 2017), p. 1730-1739.

Le Couteur, D. G., S. Solon-Biet, V. C. Cogger, S. J. Mitchell, A. Senior, R. de Cabo, D. Raubenheimer et S. J. Simpson. «The Impact of Low-Protein, High-Carbohydrate Diets on Aging and Lifespan», *Cellular and Molecular Life Sciences* 73, n° 6 (mars 2016), p. 1237-1252.

Kitada, M., Y. Ogura, I. Monno et D. Koya. «The Impact of Dietary Protein Intake on Longevity and Metabolic Health», *EBioMedicine* (mai 2019), doi: 10.1016/j.ebiom.2019.04.005.

Green, C. L. et D. W. Lamming. «Regulation of Metabolic Health by Essential Dietary Amino Acids», *Mechanisms of Ageing and Development* 177 (janvier 2019), p. 186-200.

Brandhorst, S. et V. D. Longo. «Protein Quantity and Source, Fasting-Mimicking Diets, and Longevity», *Advances in Nutrition* 10 (supplément du 4 novembre 2019), S340-350.

Chapitre 9 : Les environnements alimentaires

Raubenheimer, D. et E. A. Bernays. «Patterns of Feeding in the Polyphagous Grasshopper *Taeniopoda eques*: A Field Study», *Animal Behaviour* 45, n° 1 (janvier 1993), p. 153-167.

Felton, A. M., A. Felton, D. Raubenheimer, S. J. Simpson, W. J. Foley, J. T. Wood, I. R. Wallis et D. B. Lindenmayer. «Protein Content of Diets Dictates the Daily Energy Intake of a Free-Ranging Primate», *Behavioural Ecology* 20, n° 4 (juillet-août 2009), p. 685-690.

Felton, A. M., A. Felton, J. T. Wood, W. J. Foley, D. Raubenheimer, I. R. Wallis et D. B. Lindenmayer. «Nutritional Ecology of *Ateles chamek* in Lowland Bolivia: How MacroNutrient Balancing Influences Food Choice», *International Journal of Primatology* 30, nº 5 (octobre 2009), p. 675-696.

Rothman, J. M., D. Raubenheimer, et C. A. Chapman. «Nutritional Geometry: Gorillas Prioritise Non-Protein Energy While Consuming Surplus Protein», *Biology Letters* 7, nº 6 (23 décembre 2011), p. 847-849.

Thompson, M. E. et C. D. Knott. «Urinary C-peptide of Insulin as a Non-invasive Marker of Energy Balance in Wild Orangutans», *Hormones and Behavior* 53, nº 4 (avril 2008), p. 526-535.

Vogel, E. R., J. M. Rothman, A. M. Moldawer, T. D. Bransford, M. E. Emery-Thompson, M. A. Van Noordwijk, S. S. Utami Atomoko, B. E. Crowley, C. D. Knott, W. M. Erb et D. Raubenheimer. «Coping with a Challenging Environment: Nutritional Balancing, Health, and Energetics in Wild Bornean Orangutans», *American Journal of Physical Anthropology* 156 (2015), p. 314-315.

Chapitre 10 : La transformation de nos environnements alimentaires

Qiu, Q., L. Z. Wang, K. Wang, Y. Z. Yang, T. Ma, Z. F. Wang *et al.* «Yak Whole-Genome Resequencing Reveals Domestication Signatures and Prehistoric Population Expansions», *Nature Communications* (2015), p. 6.

Wangchuk, D., W. Dhammasaccakarn, P. Tepsing, et T. P. N. Sakolnakarn. «The Yaks: Heart and Soul of the Himalayan Tribes of Bhutan», *Journal of Environmental Research and Management* 4, nº 2 (2013), p. 189-196.

Raubenheimer, D. et J. M. Rothman. «The Nutritional Ecology of Entomophagy in Humans and Other Primates», *Annual Review of Entomology*. 58 (2013), p. 141-160.

Raubenheimer, D., J. M. Rothman, H. Pontzer et S. J. Simpson. « Macronutrient Contributions of Insects to the Diets of Hunter-gatherers: A Geometric Analysis », *Journal of Human Evolution* 71 (2014), p. 70-76.

Wrangham, R. *Catching Fire: How Cooking Made us Human*, Londres : Profile Books Ltd., 2010.

Pontzer, H., B. M. Wood, et D. A. Raichlen. « Hunter-gatherers as Models in Public Health », *Obesity Reviews* 19 (2018), p. 24-35.

Arendt, M., K. M. Cairns, J. W. O. Ballard, P. Savolainen et E. Axelsson. « Diet Adaptation in Dog Reflects Spread of Prehistoric Agriculture », *Heredity* 117, nº 5 (novembre 2016), p. 301-306.

Beja-Pereira, A., G. Luikart, P. R. England, D. G. Bradley, O. C. Jann, G. Bertorelle, *et al.* « Gene-Culture Coevolution Between Cattle Milk Protein Genes and Human Lactase Genes », *Nature Genetics* 35 (2003), p. 311-313.

Kemp, C. « Evolution's Traps: When Our World Leads Animals Astray », *New Scientist* (12 mars 2014).

Monteiro, C. A., J. C. Moubarac, G. Cannon, S. W. Ng et B. Popkin. « Ultra-Processed Products Are Becoming Dominant in the Global Food System », *Obesity Reviews* 14, nº S2 (novembre 2013), S21-28.

Chapitre 11 : Les environnements alimentaires modernes

Moss, M. *Salt, Sugar, Fat: How the Food Giants Hooked us*, New York : Random House, 2013. (Traduction française de Charles Bonnot : *Sucre, sel et matières grasses : comment les industriels nous rendent accros*, Paris, Calmann-Lévy, 2014.)

Monteiro, C. A., G. Cannon, R. B. Levy, J. C. Moubarac, M. L. C. Louzada, F. Rauber, N. Khandpur, *et al.* « Ultra-Processed Foods: What They Are and How to Identify Them », *Public Health Nutrition* 22, nº 5 (avril 2019), p. 936-941.

Martinez Steele, E., D. Raubenheimer, S. J. Simpson, L. Baraldi et C. Monteiro. « Ultra-processed Foods, Protein Leverage and Energy Intake in the USA », *Public Health Nutrition* 21, *Special Issue n° 1* (janvier 2018), p. 114-124.

Brooks, R. C., S. J. Simpson et D. Raubenheimer. « The Price of Protein: Combining Evolutionary and Economic Analysis to Understand Excessive Energy Consumption », *Obesity Reviews* 11, n° 12 (décembre 2010), p. 887-894.

Raubenheimer, D., G. E. Machovsky-Capuska, A. K. Gosby et S. Simpson. « Nutritional Ecology of Obesity: From Humans to Companion Animals », *British Journal of Nutrition* 113, n° S1 (janvier 2015), S26-39.

Zhu, C. W., K. Kobayashi, I. Loladze, J. G. Zhu, Q. Jiang, X. Xu, G. Liu, S. Seneweera, K. L. Ebi, A. Drewnowski, *et al.* « Carbon Dioxide (CO_2) Levels This Century Will Alter the Protein, Micronutrients, and Vitamin Content of Rice Grains with Potential Health Consequences for the Poorest Rice-Dependent Countries », *Science Advances* 4, n° 5 (23 mai 2018), eaaq1012.

Chapitre 12 : Un autre genre d'appétit

Nestle, M. *Food Politics: How the Food Industry Influences Nutrition and Health*, Berkeley, CA: University of California Press, 2002.

Nestle, M. *Unsavory Truth: How Food Companies Skew the Science of What we Eat*, New York: Basic Books, 2018.

Scrinis, G. *Nutritionism: The Science and Politics of Dietary Advice*, New York: Columbia University Press, 2013.

Orskes, N., et E. M. Conway. *Merchants of Doubt: How a Handful of Scientists Obscured the Truth on Issues from Tobacco Smoke to Global Warming*, Londres : Bloomsbury, 2011. (Traduction française de Jacques Treiner : *Les Marchands de doute*, Paris, Le Pommier, 2012.)

Brownbill, A. L., C. L. Miller et A. J. Braunack-Mayer. « Industry Use of 'Better-for-You' Features on Labels of Sugar-Containing Beverages », *Public Health Nutrition* 21, n° 18 (décembre 2018), p. 3335-3343.

Simpson, S. J. et D. Raubenheimer. «Perspective: Tricks of the Trade», *Nature* 508 (17 avril 2014), S66.

Brownell, K.D. et K. E. Warner. «The Perils of Ignoring History: Big Tobacco Played Dirty and Millions Died. How Similar is Big Food?», *Milbank Quarterly* 87 (2009), p. 259-294.

Schuldt, J. P. «Does Green Mean Healthy? Nutrition Label Color Affects Perceptions of Healthfulness», *Health Communication* 28 (2013), p. 814-821.

«New Archive Reveals How the Food Industry Mimics Big Tobacco to Suppress Science, Shape Public Opinion», https://civileats.com/2018/11/28/new-archive-reveals-how-the-food-industry-mimics-big-tobacc-to-suppress-science-shape-public-opinion/

«The Food Industrial Complex», https://priceonomics.com/the-food-industrial-complex/

Moodie, R., D. Stuckler, C. Monteiro, N. Sheron, B. Neal, T. Thamarangsi, P. Lincoln et S. Casswell, pour The Lancet NCD Action Group. «Profits and Pandemics: Prevention of Harmful Effects of Tobacco, Alcohol, and Ultra-Processed Food and Drink Industries», *Lancet* 381, n° 9867 (23 février 2013), p. 670-679.

Lesser, L. I., C. B. Ebbeling, M. Goozner, D. Wypij et D. S. Ludwig. «Relationship between Funding Source and Conclusion among Nutrition-related Scientific Articles», *PLoS Medicine* 4 (2007), p. 41-46.

Chapitre 13 : La cible protéique et le cercle vicieux de l'obésité

Blumfield, M. L., C. Nowson, A. J. Hure, R. Smith, S. J. Simpson, D. Raubenheimer, L. MacDonald-Wicks et C. E. Collins. «Lower Protein-to-Carbohydrate Ratio in Maternal Diet is Associated with Higher Childhood Systolic Blood Pressure Up to Age Four Years», *Nutrients* 7, n° 5 (24 avril 2015), p. 3078-3093.

Blumfield, M. L., A. J. Hure, L. K. MacDonald-Wicks, R. Smith,

S. J. Simpson, W. B. Giles, D. Raubenheimer et C. E. Collins. «Dietary Balance During Pregnancy Predicts Fetal Adiposity and Fat Distribution», *American Journal of Clinical Nutrition* 96, nº 5 (novembre 2012), p. 1032-1041.

Blumfield, M., A. Hure, L. MacDonald-Wicks, R. Smith, S. J. Simpson, D. Raubenheimer et C. Collins. «The Association Between the Macronutrient Content of Maternal Diet and the Adequacy of Micronutrients During Pregnancy in the Women and Their Children's Health (WATCH) Study», *Nutrients* 4, nº 12 (décembre 2012), p. 1958-1976.

Saner, C., D. Tassoni, B. E. Harcourt, K-T Kao, E. J. Alexander, Z. McCallum, T. Olds, *et al.* «Evidence for the Protein Leverage Hypothesis in Obese Children and Adolescents», *Obesity* 28, nº 4 (avril 2020), p. 822-829. doi: 10.1002/oby.22755.

Weber, M., V. Grote, R. Closa-Monasterolo, J. Escribano, J. P. Langhendries, E. Dain, M. Giovannini, European Childhood Obesity Trial Study Group, *et al.* «Lower Protein Content in Infant Formula Reduces BMI and Obesity Risk at School Age: Follow-Up of a Randomized Trial», *American Journal of Clinical Nutrition* 99, nº 5 (mai 2014), p. 1041-1051.

Senior, A. M., S. M. Solon-Biet, V. C. Cogger, D. G. Le Couteur, S. Nakagawa, D. Raubenheimer et S. J. Simpson. «Dietary Macronutrient Content, Age-Specific Mortality and Lifespan», *Proceedings of the Royal Society B* 286, nº 1902 (15 mai 2019), 20190393.

Levine, M. E., J. A. Suarez, S. Brandhorst, P. Balasubramanian, C. W. Cheng, F. Madia, L. Fontana, *et al.* «Low Protein Intake is Associated with a Major Reduction in IGF-1, Cancer, and Overall Mortality in the 65 and Younger But Not Older Population», *Cell Metabolism* 19, nº 3 (4 mars 2014), p. 407-417.

Wu, G. «Dietary Protein Intake and Human Health», *Food & Function* 7, nº 3 (mars 2016), p. 1251-1265

Katz, D. L., K. N. Doughty, K. Geagan, D. A. Jenkins et C. D. Gardner. «Perspective: The Public Health Case for Modernizing the Definition of Protein Quality», *Advances in Nutrition* 10, nº 5 (1er septembre 2019), p. 755-764. doi: 10.1093/advances/nmz023.

Chapitre 14 : Conclusion : de la théorie à la pratique

Larsen, T. M., S.-M. Dalskov, M. Van Baak, S. A. Jebb, A. Papadaki, A. F. H. Pfeiffer, J. A. Martinez, *et al.*, pour le Diet, Obesity, and Genes (Diogenes) Project. « Diets with High or Low Protein Content and Glycemic Index for Weight-Loss Maintenance », *New England Journal of Medicine* 363, nº 22 (25 novembre 2011), p. 2102-2113.

Monteiro, C. A., G. Cannon, R. B. Levy, J. C. Moubarac, M. L. C. Louzada, F. Rauber, N. Khandpur, *et al.* « Ultra-Processed Foods: What They Are and How to Identify Them », *Public Health Nutrition* 22, nº 5 (avril 2019), p. 936-941.

Monteiro, C. A., G. Cannon, J. C. Moubarac, A. P. B. Martins, C. A. Martins, J. Garzillo, D. S. Canella, *et al.* « Dietary Guidelines to Nourish Humanity and the Planet in the Twenty-First Century: A Blueprint from Brazil », *Public Health Nutrition* 18, nº 13 (septembre 2015), p. 2311-2322.

Sluik, D., E. M. Brouwer-Brolsma, A. A. M. Berendsen, V. Mikkilä, S. D. Poppitt, M. P. Silvestre, A. Tremblay, *et al.* « Protein Intake and the Incidence of Pre-Diabetes and Diabetes in 4 Population-Based Studies: The PREVIEW Project », *American Journal of Clinical Nutrition* 109, nº 5 (3 mai 2019), p. 1310-1318.

Solon-Biet, S. M., V. C. Cogger, T. Pultipel, D. Wahl, X. Clark, E. Bagley, G. C. Gregoriou, *et al.* « Branched-Chain Amino Acids Impact Health and Lifespan Indirectly via Amino Acid Balance and Appetite Control », *Nature Metabolism* 1 (2019), p. 532-545. doi: 10.1038/s42255-019-0059-2.

Seidelmann, S. B., B. Claggett, S. Cheng, M. Henglin, A. Shah, L. M. Steffen, A. R. Folsom, E. B. Rimm, W. C. Willett et S. D. Solomon. « Dietary Carbohydrate Intake and Mortality: A Prospective Cohort Study and Meta-analysis », *Lancet Public Health* 3 (2018), E419-E428.

Mazidi, M., N. Katsiki, D. P. Mikhailidis, N. Sattar et M. Banach, pour l'International Lipid Expert Panel (ILEP) et le Lipid and Blood Pressure Meta-analysis Collaboration (LBPMC) Group.

« Lower Carbohydrate Diets and All-Cause and Cause-Specific Mortality: A Population-based Cohort Study and Pooling of Prospective Studies », *European Heart Journal* 40 (2019), p. 2870-2879. doi.org/10.1093/eurheartj/ehz174

Index

(Les numéros de page en italique font référence aux schémas et aux tableaux.)

B

C

D

F

G

H

I

M

N

Q

R

S

T

U

V

W

Y

Z

Table

L'EXEMPLAIRE QUE VOUS TENEZ ENTRE LES MAINS
A ÉTÉ RENDU POSSIBLE GRÂCE AU TRAVAIL DE TOUTE UNE ÉQUIPE.

ÉDITION : Flore Gurrey avec Bertille Comar
COUVERTURE ET CONCEPTION GRAPHIQUE : Éric Pillault
RÉVISION : Fabrice Émont et Sophie Loubier
MISE EN PAGE : Soft Office
PHOTOGRAVURE : Point 11
FABRICATION : Marie Baird-Smith et Louise Clément
COMMERCIAL : Pierre Bottura
RELATIONS LIBRAIRES : Jean-Baptiste Noailhat et Damien Nassar
PRESSE ET COMMUNICATION : Hind Boutaljante avec Axelle Vergeade
LES ARÈNES DU SAVOIR : Pierre Bottura avec Marc Blactot,
Fanny Boidron, Adèle Hybre et Guillaume Lollier

RUE JACOB DIFFUSION : Élise Lacaze (direction),
Katia Berry (grand Sud-Est), François-Marie Bironneau
(Nord et Est), Charlotte Jeunesse (Paris et région parisienne),
Christelle Guilleminot (grand Sud-Ouest), Laure Sagot
(grand Ouest), Diane Maretheu (coordination), Charlotte Knibiehly
(ventes directes) et Camille Saunier (librairies spécialisées)

DISTRIBUTION : Interforum

DROITS FRANCE ET JURIDIQUE : Geoffroy Fauchier-Magnan
DROITS ÉTRANGERS : Sophie Langlais
ACCUEIL ET LIBRAIRIE : Laurence Zarra
ANIMATION : Sophie Quetteville
ENVOIS AUX JOURNALISTES ET LIBRAIRES : Vidal Ruiz Martinez
COMPTABILITÉ ET DROITS D'AUTEUR : Christelle Lemonnier,
Camille Breynaert et Christine Blaise
SERVICES GÉNÉRAUX : Isadora Monteiro Dos Reis

La couverture et la bande ont été imprimées
par Déjà Link à Stains (93).
Achevé d'imprimer sur Roto-Page en France
par l'Imprimerie Floch, en avril 2021.
ISBN : 979-10-375-0404-3
N° d'impression : 98148
Dépôt légal : mai 2021